应用型本科机电类专业"十三五"系列精品教材

Pro/ENGINEER 项目式综合训练教程

Pro/ENGINEER XIANGMUSHI
ZONGHE XUNLIAN JIAOCHENG

主　编　胡郑重
副主编　蒋小盼　苏晓珍　鲁成伟

华中科技大学出版社
http://www.hustp.com
中国·武汉

内 容 提 要

本书根据项目式教学的基本思路,以目前广泛使用的 Pro/ENGINEER Wildfire 5.0 版本为对象来编写。全书以单级圆柱直齿轮减速箱的设计为实例,将任务分成 28 个项目,内容涵盖 Pro/ENGINEER 系统的基本操作、草图设计及基准特征的建立、零件设计、特征的编辑及操作、曲面设计、装配设计、工程图、模具设计、数控加工等,通过各个项目将 Pro/ENGINEER 常用的基本指令贯穿在一起,突出了实用性和可操作性。本书示范性强,读者按照各个项目中的步骤进行操作,即可绘制出相应的图形。

本书可作为本科院校、高职高专院校相关课程的教材,以及培训机构的培训教材,也可作为工程技术人员的参考资料。

图书在版编目(CIP)数据

Pro/ENGINEER 项目式综合训练教程/胡郑重主编. —武汉:华中科技大学出版社,2020.1
ISBN 978-7-5680-2548-5

Ⅰ.①P… Ⅱ.①胡… Ⅲ.①机械设计-计算机辅助设计-应用软件-高等学校-教材 Ⅳ.①TH122

中国版本图书馆 CIP 数据核字(2020)第 011939 号

Pro/ENGINEER 项目式综合训练教程 胡郑重 主编
Pro/ENGINEER Xiangmushi Zonghe Xunlian Jiaocheng

策划编辑:袁 冲
责任编辑:刘 静
封面设计:孢 子
责任监印:朱 玢
出版发行:华中科技大学出版社(中国·武汉) 电话:(027)81321913
　　　　　武汉市东湖新技术开发区华工科技园　邮编:430223
录　　排:华中科技大学惠友文印中心
印　　刷:武汉科源印刷设计有限公司
开　　本:787mm×1092mm　1/16
印　　张:8
字　　数:200 千字
版　　次:2020 年 1 月第 1 版第 1 次印刷
定　　价:29.00 元

本书若有印装质量问题,请向出版社营销中心调换
全国免费服务热线:400-6679-118　竭诚为您服务
版权所有　侵权必究

前言

本书根据项目式教学的基本思路，以目前广泛使用的 Pro/ENGINEER Wildfire 5.0 版本为介绍对象来编写。全书以单级圆柱直齿轮减速箱的设计为实例，将任务分成 28 个项目，内容涵盖 Pro/ENGINEER 系统的基本操作、草图设计及基准特征的建立、零件设计、特征的编辑及操作、曲面设计、装配设计、工程图、模具设计、数控加工等，通过各个项目将 Pro/ENGINEER 常用的基本指令贯穿在一起，突出了实用性和可操作性。本书示范性强，读者按照各个项目中的步骤进行操作，即可绘制出相应的图形。

本书可作为本科院校、高职高专院校相关课程的教材，以及培训机构的培训教材，也可作为工程技术人员的参考资料。

本书是集体智慧的结晶，编写人员有湖北商贸学院的胡郑重（主编）、湖北工业大学工程技术学院的蒋小盼、安徽建筑大学城市建设学院的苏晓珍、湘西民族职业技术学院的鲁成伟。全书由胡郑重统稿和定稿。

本书借鉴了许多优秀书籍，参考了大量的文献资料，在此向其作者致以诚挚的谢意。

由于编写时间仓促、编者水平有限，书中难免存在不当和疏漏之处，敬请读者批评指正。

编者

2019 年 11 月

目录

项目1 下箱体设计 ·· 1
项目2 上箱盖设计 ·· 21
项目3 齿轮设计 ·· 36
项目4 轴设计 ··· 40
项目5 齿轮轴设计 ··· 43
项目6 大/小轴承设计 ··· 49
项目7 大/小端盖1设计 ·· 52
项目8 大/小端盖2设计 ·· 55
项目9 挡油环设计 ··· 57
项目10 调整环设计 ··· 58
项目11 视孔盖设计 ··· 60
项目12 通气塞设计 ··· 61
项目13 大螺母设计 ··· 64
项目14 螺栓设计(一) ·· 67
项目15 通气垫片设计 ·· 70
项目16 油塞设计 ·· 71
项目17 油塞垫片设计 ·· 74
项目18 油面指示片设计 ··· 75
项目19 封油垫设计 ··· 77
项目20 键设计 ··· 80
项目21 低速轴上的套筒设计 ··· 82
项目22 长螺栓设计 ··· 83
项目23 螺栓设计(二) ·· 86
项目24 螺母设计 ·· 89
项目25 螺母垫片设计 ·· 92
项目26 销设计 ··· 93
项目27 大/小密封环设计 ·· 94
项目28 减速箱装配设计 ··· 95
参考文献 ··· 124

项目 1　下箱体设计

操作步骤如下。

(1)新建 bottombox.prt 文件。

单击"文件"工具栏中的 ▭ 按钮，或者单击"文件"菜单→"新建"选项，系统弹出"新建"对话框，输入文件名"bottombox"，单击"确定"按钮，系统自动进入零件环境。

(2)零件绘制。

①底部连接板绘制。

在特征工具栏中，单击"拉伸"按钮 ▭，进入拉伸特征工具操控面板。选择 TOP 面作为草绘平面，绘制图 1-1 所示的拉伸截面图(矩形)，矩形尺寸为 189×106，坐标原点为矩形的中心。

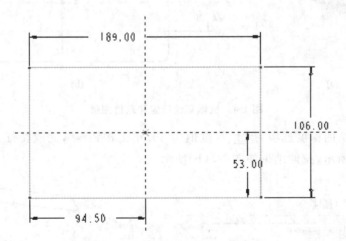

图 1-1　底部连接板拉伸截面图(矩形)草绘

设置拉伸特征的深度选项为 ▭，深度值为 13，单击"完成"按钮 ✓，完成特征创建。底部连接板拉伸设置如图 1-2(a)所示，结果如图 1-2(b)所示。

②底部连接板倒圆角。

选择"倒圆角"按钮 ▭，设置圆角半径为 6，对连接板的 4 个边角倒圆角，结果如图 1-3 所示。

③机体绘制。

在特征工具栏中，单击"拉伸"按钮 ▭，进入拉伸特征工具操控面板。选择图 1-4(a)所

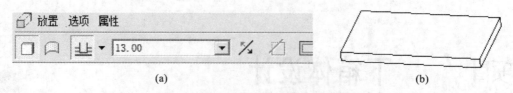

图 1-2　底部连接板拉伸设置和拉伸结果

示的平面Ⅰ作为草绘平面,绘制图 1-4(b)所示的拉伸截面图。

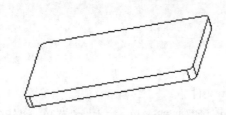

图 1-3　底部连接板倒圆角结果

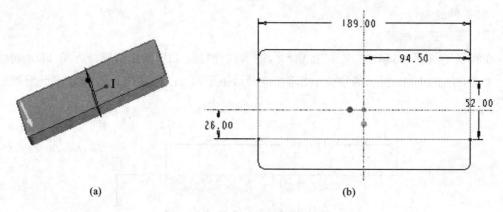

图 1-4　机体草绘设置和草绘图形

设置拉伸特征的深度选项为 ⊥、深度值为 59,单击按钮 ✓,完成特征创建。机体拉伸设置如图 1-5(a)所示,拉伸结果如图 1-5(b)所示。

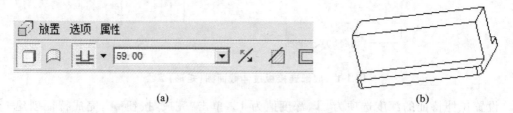

图 1-5　机体拉伸设置和拉伸结果

④机体倒圆角。

选择"倒圆角"按钮,设置圆角半径为 2,对机体的 4 条边线倒圆角,结果如图 1-6 所示。

⑤上下连接板设计。

在特征工具栏中,单击"拉伸"按钮,进入拉伸特征工具操控面板。选择机体顶面,即

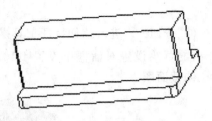

图 1-6 机体倒圆角结果

图 1-7(a)所示的灰色面Ⅰ为草绘平面,绘制图 1-7(b)所示的拉伸截面图。

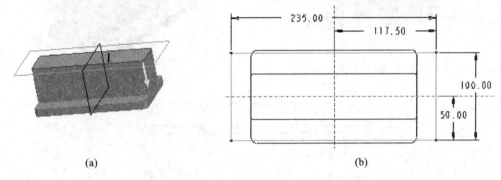

(a)   (b)

图 1-7 上下连接板草绘设置和草绘图形

设置拉伸特征的深度选项为 ⊥、深度值为 8,单击"完成"按钮 ✓,完成特征创建。上下连接板拉伸设置如图 1-8(a)所示,拉伸结果如图 1-8(b)所示。

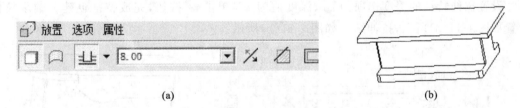

(a)   (b)

图 1-8 上下连接板拉伸设置和拉伸结果

⑥上下连接板倒圆角。

选择"倒圆角"按钮 ,设置圆角半径为 26,对上下连接板的 4 条边线倒圆角,结果如图 1-9 所示。

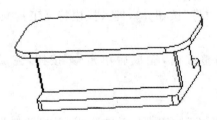

图 1-9 上下连接板倒圆角结果

⑦轴承制作绘制。

在特征工具栏中,单击"拉伸"按钮，进入拉伸特征工具操控面板。选择图1-10(a)中的灰色面Ⅰ为草绘平面,在弹出的草绘设置对话框中设置1-10(b)所示的顶面Ⅱ为顶面参考面,绘制图1-10(c)所示的拉伸截面图。

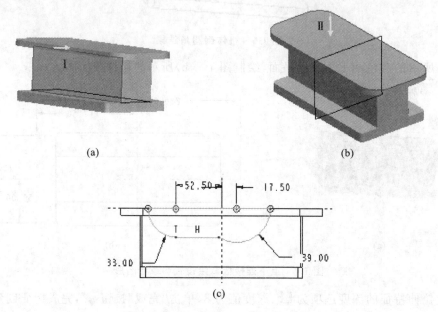

图1-10 轴承草绘设置和草绘图形

设置拉伸特征的深度选项为 、深度值为27,单击 按钮,完成特征创建。轴承拉伸设置如图1-11(a)所示,拉伸结果如图1-11(b)所示。

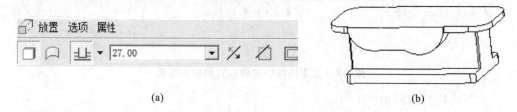

图1-11 轴承拉伸设置和拉伸效果

⑧拔模绘制1。

单击特征工具栏中的"拔模"按钮，进入拔模特征工具操控面板,设置拔模曲面和拔模枢轴,如图1-12所示。

设置拔模角度为6°,调整方向,完成后单击 按钮,完成拔模特征创建,如图1-13所示。

⑨创建基准平面。

单击基准工具栏中的"平面"按钮，系统弹出"基准平面"对话框,选择RIGHT面作为参照基准,设置参照类型为偏移,距离设置为-17.5,系统生成DTM1基准平面,如图1-14所示。

项目1 下箱体设计

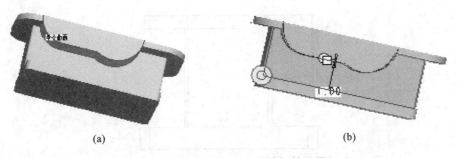

图1-12 下箱体拔模曲面和拔模枢轴设置(一)

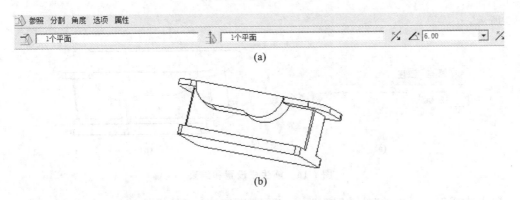

图1-13 下箱体拔模设置和拔模结果(一)

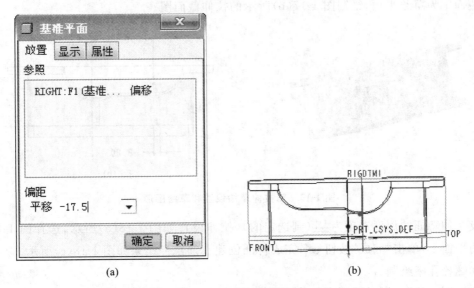

图1-14 插入基准平面

⑩创建筋特征。

单击特征工具栏中的"筋"按钮,进入筋特征工具操控面板。单击"参照",进入"参照"上滑面板中。选择DTM1平面作为草绘平面,绘制图1-15所示的筋特征截面。

完成后单击"完成"按钮,返回筋特征工具操控面板,设置筋特征厚度为8,更改筋两个侧面的厚度选项,直到两侧对称,单击按钮,完成筋特征创建。筋生成设置和结果如图

5

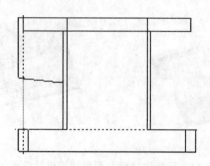

图 1-15 筋的草图绘制

1-16 所示。

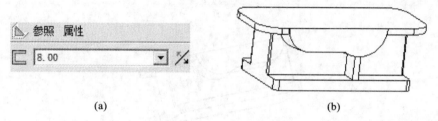

图 1-16 筋生成设置和结果

单击特征工具栏中的"拉伸"按钮，进入拉伸特征工具操控面板。选择图 1-17(a)中的灰色面Ⅰ为草绘平面，绘制图 1-17(b)所示的拉伸截面图。

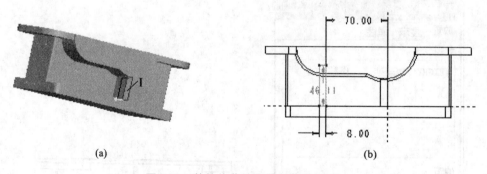

图 1-17 筋拉伸草绘设置和草绘图形

设拉伸特征的深度选项为（到选定的），拉伸设置如图 1-18(a)所示，选择图 1-18(b)所示的平面Ⅰ，单击"完成"按钮，完成特征创建。筋拉伸结果如图 1-18(c)所示。

⑪螺栓孔座绘制。

选择图 1-19(a)所示的面Ⅰ为草绘平面，选择图 1-19(b)所示的面Ⅱ为右侧参考面，绘制图 1-19(c)所示的草绘图形。

单击"拉伸"按钮，输入拉伸深度 17，如图 1-20(a)所示，单击"完成"按钮，完成特征创建。螺栓孔座拉伸结果如图 1-20(b)所示。

⑫拔模绘制 2。

单击特征工具栏中的"拔模"按钮，进入拔模特征工具操控面板，设置拔模曲面和拔

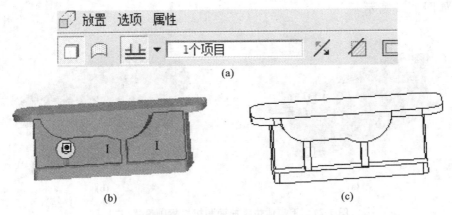

图 1-18　筋拉伸设置和拉伸结果

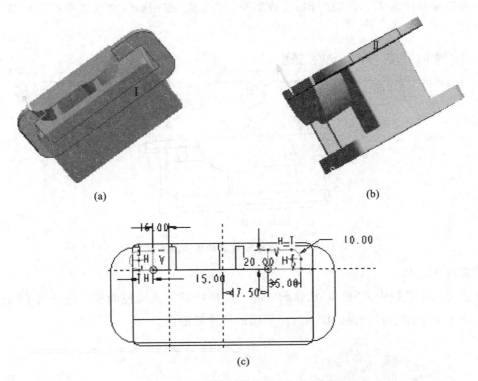

图 1-19　螺栓孔座草绘设置和草绘图形

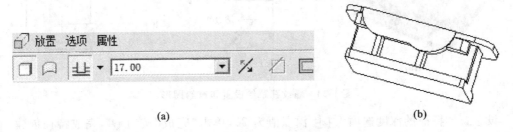

图 1-20　螺栓孔座拉伸设置和拉伸结果

模枢轴,如图1-21所示。

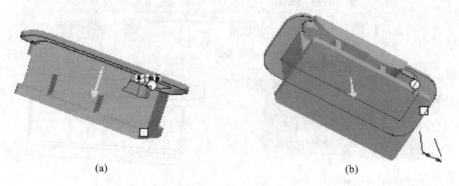

图1-21 下箱体拔模曲面和拔模枢轴设置(二)

设置拔模角度为10°,调整方向,完成后单击"完成"按钮✓,完成拔模特征创建,如图1-22所示。

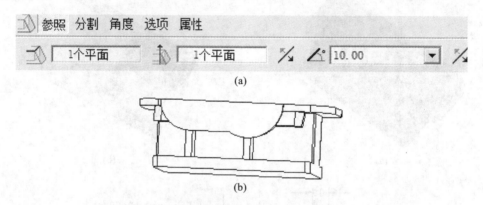

图1-22 下箱体拔模设置和拔模结果(二)

⑬螺纹孔绘制。

单击特征工具栏中的"拉伸"按钮,进入拉伸特征工具操控面板。选择图1-23(a)中的灰色面Ⅰ为草绘平面,绘制图1-23(b)所示的拉伸截面图。

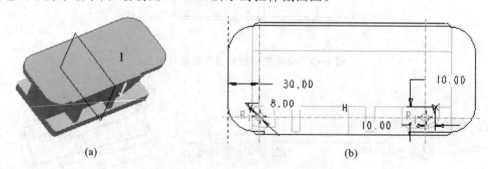

图1-23 螺纹孔草绘设置和草绘图形

设置拉伸特征的深度选项为 ，深度值为25,单击"完成"按钮✓,完成特征创建。螺纹孔拉伸结果如图1-24所示。

按住"Shift"键,选择前面完成的⑦⑧⑨⑩⑪⑫⑬特征,右键单击,在弹出的快捷菜单中

项目 1 下箱体设计

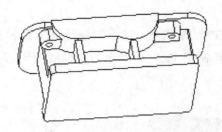

图 1-24 螺纹孔拉伸结果

选择"组"命令,组成一个组,选择该组,选择"镜像"按钮,以 FRONT 面为镜像平面,镜像组,结果如图 1-25 所示。

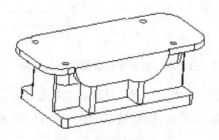

图 1-25 螺纹孔镜像结果

注意:镜像组时,如果有部分特征没有得到镜像,此部分特征单独画。

⑭内腔绘制。

单击特征工具栏中的"拉伸"按钮,进入拉伸特征工具操控面板。选择 FRONT 面作为草绘平面,绘制图 1-26 所示的拉伸截面图。

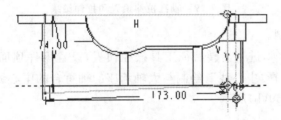

图 1-26 内腔拉伸截面图

设置拉伸特征的深度方式为,深度值为 40,选择"去除材料"按钮,单击按钮,完成特征创建。内腔拉伸设置如图 1-27(a)所示,拉伸结果如图 1-27(b)所示。

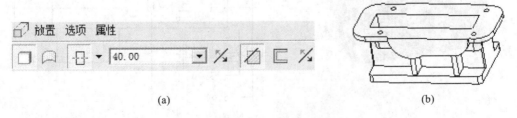

(a)   (b)

图 1-27 内腔拉伸设置和拉伸结果

⑮轴孔绘制。

单击特征工具栏中的"拉伸"按钮，进入拉伸特征工具操控面板。选择图 1-28(a)所示的平面Ⅰ作为草绘平面，绘制图 1-28(b)所示的拉伸截面图（两圆与两个轴承支座外圆同心）。

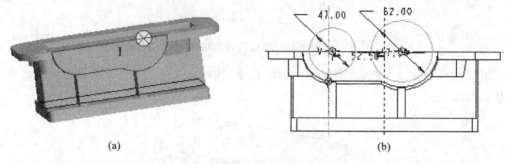

图 1-28 轴孔草绘设置和草绘图形

设置拉伸特征的深度选项为，选择"去除材料"按钮，单击按钮，完成特征创建。轴孔拉伸设置如图 1-29(a)所示，拉伸结果如图 1-29(b)所示。

图 1-29 轴孔拉伸设置和拉伸结果

⑯密封环凹槽绘制。

单击"旋转"按钮，进入旋转特征工具操控面板，设置零件顶面，即图 1-30(a)所示的平面Ⅰ为草绘平面，选择"中心线"，绘制与大轴承座的轴重合的中心线，绘制旋转截面（两个 4×3 的矩形），如图 1-30(b)所示。

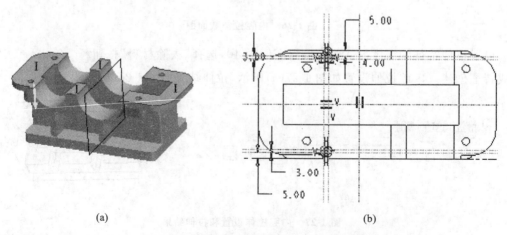

图 1-30 密封环凹槽旋转设置和旋转截面

设置角度为360°,选择"去除材料"按钮,如图1-31(a)所示,单击 按钮,完成切除特征,结果如图1-31(b)所示。

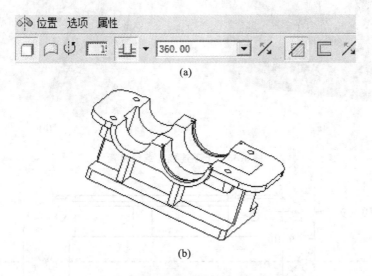

图 1-31 密封环凹槽旋转设置和旋转切除结果

同理绘制另一轴承支座的密封环凹槽,选择与上一步相同的草绘设置,绘制图1-32(a)所示的草绘图形,进行与上一步相同的旋转切除设置,结果如图1-32(b)所示。

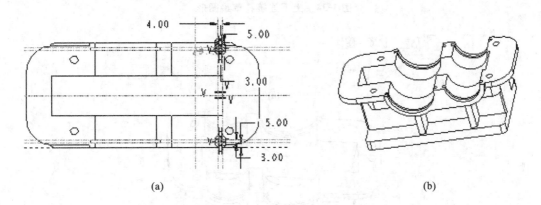

图 1-32 另一轴承支座的密封环凹槽旋转草绘图形和旋转切除结果

⑰上下连接孔绘制。

选择"草绘"按钮,在弹出的设置对话框中设置图1-33(a)所示的面Ⅰ为草绘平面、图1-33(b)所示的平面Ⅱ为右参考平面,完成草绘设置。

选择"圆"按钮,绘制图1-34所示的两个圆,单击 按钮。

选择特征工具栏中的"拉伸"按钮,在拉伸特征工具操控面板中设置拉伸方式为"穿透",选择"去除材料" 按钮。上下连接孔拉伸设置和拉伸结果如图1-35所示。

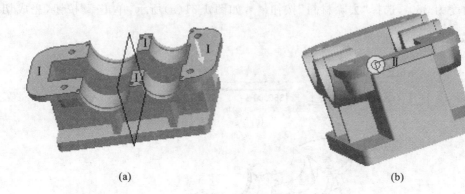

图 1-33　上下连接孔草绘设置

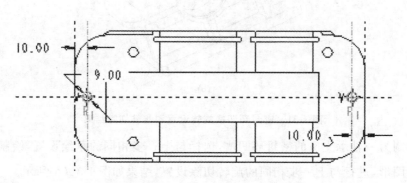

图 1-34　上下连接孔草绘图形

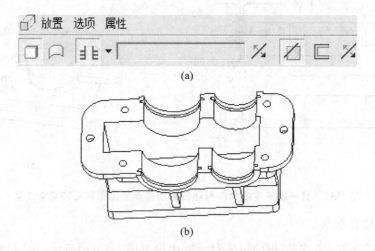

图 1-35　上下连接孔拉伸设置和拉伸结果

⑱锥销孔绘制。

选择"孔"按钮，在孔特征工具操控面板中选择"草绘孔"，单击"放置"按钮，进行参照设置，如图 1-36 所示。

单击"草绘"按钮，草绘图 1-37 所示的锥销孔截面，单击"完成"按钮，完成锥销孔的绘制。

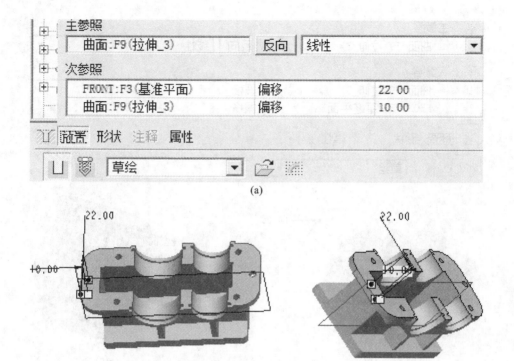

图 1-36 锥销孔参照设置

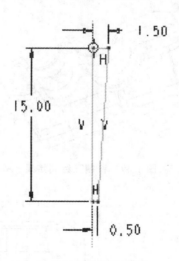

图 1-37 锥销孔截面

同理，设置并绘制另一侧的锥销孔，参照设置如图 1-38 所示，锥销孔截面同图 1-37。锥销孔绘制结果如图 1-39 所示。

⑲底座固定沉孔绘制。

选择图 1-40(a)中的灰色面 I 作为草绘平面，选择"圆"按钮 ◯，绘制直径为 16 的 4 个圆，坐标尺寸如图 1-40(b)所示。

选择"拉伸"按钮 ▭，设置拉伸高度为 2，选择"去除材料"按钮 ▨。底座固定沉孔具体

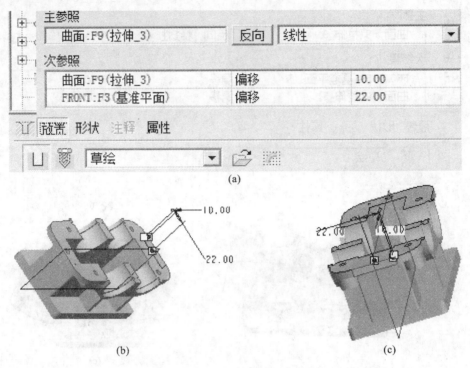

图 1-38 另一侧锥销孔参照设置

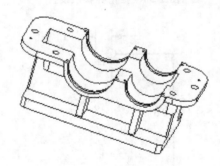

图 1-39 锥销孔绘制结果

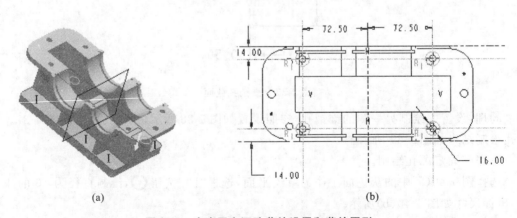

图 1-40 底座固定沉孔草绘设置和草绘图形

拉伸设置如图1-41(a)所示,拉伸结果如图1-41(b)所示。

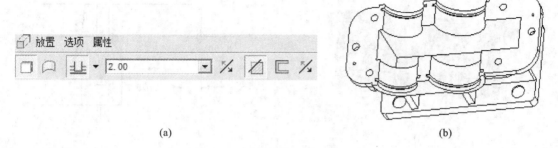

图 1-41　底座固定沉孔拉伸设置和拉伸结果

⑳通孔绘制。

选择沉孔的底面为草绘平面,选择"同心圆"按钮,绘制与底座固定沉孔同心的圆,直径为9,如图1-42所示。

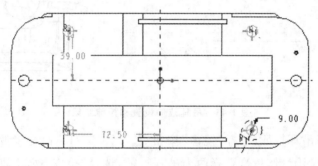

图 1-42　通孔草绘图形

选择"拉伸"按钮,设置拉伸方式为"穿透",选择"去除材料"按钮。通孔具体拉伸设置如图1-43(a)所示,拉伸结果如图1-43(b)所示。

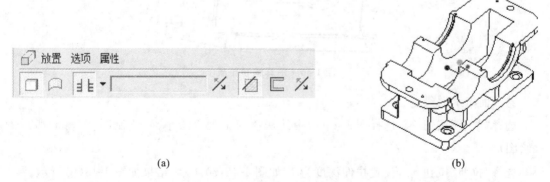

图 1-43　通孔拉伸设置和拉伸结果

㉑吊耳设计。

选择"草绘"按钮,选择图1-44(a)中的灰色面Ⅰ为草绘平面,绘制图1-44(b)所示的草绘图形。

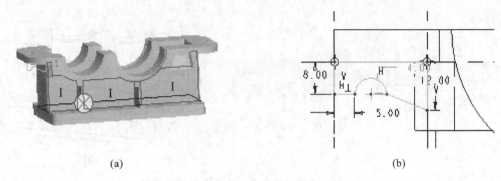

图 1-44 吊耳草绘设置和草绘图形

选择"拉伸"按钮，设置拉伸深度为6。吊耳拉伸设置如图1-45(a)所示，拉伸结果如图1-45(b)所示。

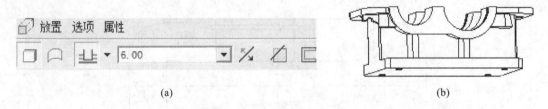

图 1-45 吊耳拉伸设置和拉伸结果

镜像吊耳：选择吊耳特征，选择"镜像"按钮，以 RIGHT 面为镜像面，对吊耳特征进行镜像操作；按住"Shift"键，依次选择两个吊耳特征，选择"镜像"按钮，以 FRONT 面为镜像面，进行镜像操作，结果如图1-46所示。

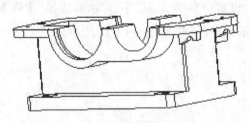

图 1-46 吊耳镜像结果

㉒油面指示器绘制。

选择"草绘"按钮，选择图1-47(a)中的灰色面Ⅰ为草绘平面，绘制图1-47(b)所示的草绘图形。

选择"拉伸"按钮，设置拉伸深度为1，如图1-48(a)所示，结果如图1-48(b)所示。

选择"草绘"按钮，选择图1-49(a)所示的圆端面Ⅰ为草绘平面，选择"同心圆"按钮，绘制图1-49(b)所示的草绘图形。

选择"拉伸"按钮，设置深度为11，选择"去除材料"按钮，如图1-50(a)所示，结果如图1-50(b)所示。

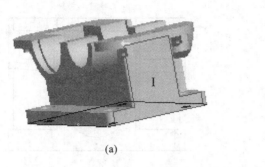 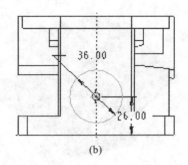

图 1-47 油面指示器草绘设置和草绘图形(一)

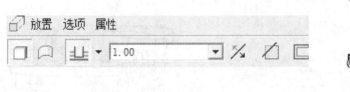 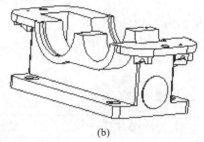

图 1-48 油面指示器拉伸设置和拉伸结果(一)

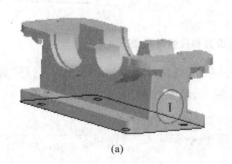 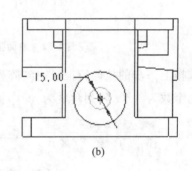

图 1-49 油面指示器草绘设置和草绘图形(二)

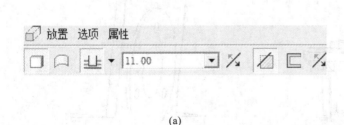 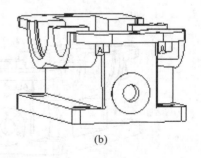

图 1-50 油面指示器拉伸设置和拉伸结果(二)

选择"草绘"按钮，选择图 1-51(a)所示的圆端面Ⅰ为草绘平面，绘制图 1-51(b)所示的草绘图形。

选择"拉伸"按钮，设置拉伸深度为 5，选择"去除材料"按钮，如图 1-52(a)所示，结

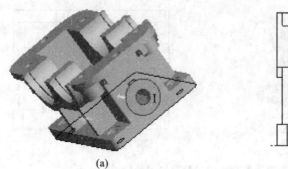
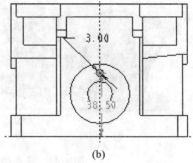

(a)   (b)

图 1-51 油面指示器草绘设置和草绘图形(三)

果如图 1-52(b)所示。

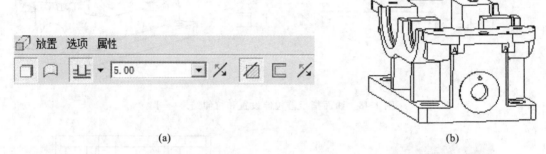

(a)   (b)

图 1-52 油面指示器拉伸设置和拉伸结果(三)

选择上一步的拉伸特征,选择"阵列"按钮，在阵列特征工具操控面板中选择"轴",设置阵列个数为 3 个、阵列角度为 360°,如图 1-53 所示,结果如图 1-54 所示。

图 1-53 油面指示器安装孔圆周阵列设置

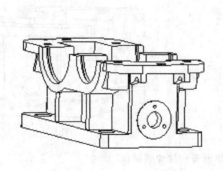
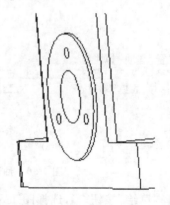

图 1-54 油面指示器安装孔圆周阵列结果

㉓换油孔绘制。

选择"草绘"按钮，选择1-55(a)中的灰色面Ⅰ为草绘平面，绘制图1-55(b)所示的草绘图形。

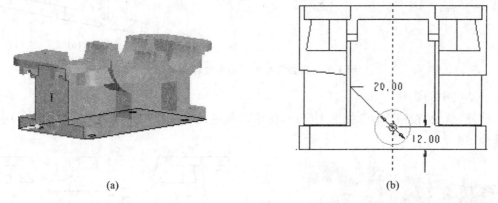

图1-55 换油孔草绘设置和草绘图形(一)

选择"拉伸"按钮，设置拉伸深度为1，如图1-56(a)所示，结果如图1-56(b)所示。

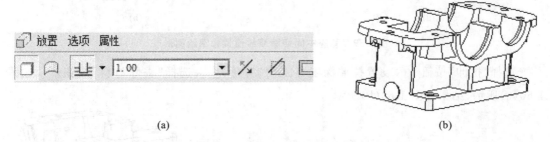

图1-56 换油孔拉伸设置和拉伸结果(一)

选择"草绘"按钮，选择图1-57(a)所示的圆端面Ⅰ为草绘平面，选择"同心圆"按钮，绘制图1-57(b)所示的草绘图形。

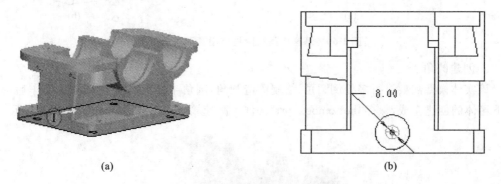

图1-57 换油孔草绘设置和草绘图形(二)

选择"拉伸"按钮，设置拉伸深度为11，选择"去除材料"按钮，如图1-58(a)所示，结果如图1-58(b)所示。

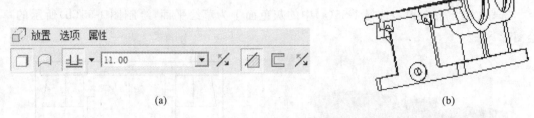

图 1-58　换油孔拉伸设置和拉伸结果(二)

㉔基座中间切除。

选择"草绘"按钮，选择图 1-59(a)所示的灰色面Ⅰ为草绘平面，绘制图 1-59(b)所示的草绘图形。

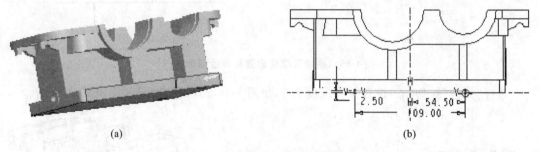

图 1-59　基座中间切除草绘设置和草绘图形

选择"拉伸"按钮，设置拉伸深度方式为"穿透"，选择"去除材料"按钮，如图 1-60(a)所示，结果如图 1-60(b)所示。

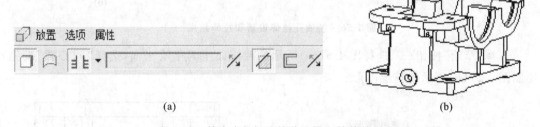

图 1-60　基座中间切除拉伸设置和拉伸结果

㉕创建圆角。

该实体模型需要进行多处倒圆角，绘制铸造圆角，圆角半径为 2，完成倒圆角操作后，减速箱下箱体的创建完成，保存"bottombox.prt"文件。减速箱下箱体最终结果如图 1-61 所示。

图 1-61　减速箱下箱体最终结果

项目 2 上箱盖设计

操作步骤如下。

(1) 新建 upperbox.prt 文件。

单击"文件"工具栏中的 按钮,或者单击"文件"选项→"新建"选项,系统弹出"新建"对话框,输入文件名"upperbox",单击"确定"按钮,系统自动进入零件环境。

(2) 零件绘制。

①拉伸 1。

在特征工具栏中,单击"拉伸"按钮 ,进入拉伸特征工具操控面板。选择 TOP 面作为草绘平面,绘制图 2-1 所示的拉伸截面图。

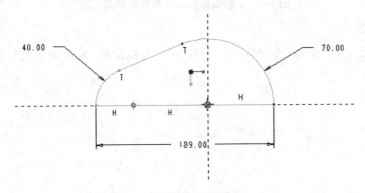

图 2-1 上箱盖拉伸截面图(一)

设置拉伸特征的深度选项为 、深度值为 52,如图 2-2(a)所示,单击 按钮,完成特征创建,结果如图 2-2(b)所示。

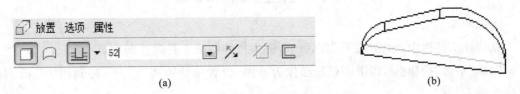

(a)　　　　　　　　　　　　　　(b)

图 2-2 上箱盖拉伸设置和拉伸结果(一)

②拉伸 2。

在特征工具栏中,单击"拉伸"按钮 ,进入拉伸特征工具操控面板。选择图 2-3(a)所示的平面Ⅰ作为草绘平面,绘制图2-3(b)所示的拉伸截面图。

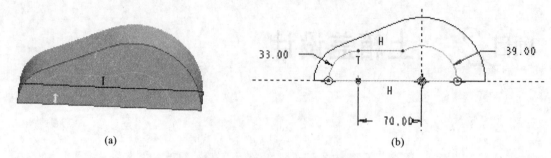

图 2-3　上箱盖草绘设置和草绘图形(一)

设置拉伸特征的深度选项为 ⊥、深度值为27,如图2-4(a)所示,单击✓按钮,完成特征创建,结果如图2-4(b)所示。

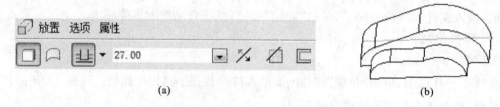

图 2-4　上箱盖拉伸设置和拉伸结果(二)

③拉伸2镜像。

选择拉伸2,选择"镜像"按钮 ,以 TOP 面作为镜像面,对拉伸2进行镜像,结果如图 2-5 所示。

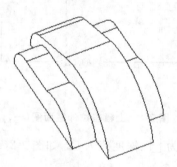

图 2-5　上箱盖拉伸2镜像结果

④拉伸3。

在特征工具栏中,单击"拉伸"按钮 ,进入拉伸特征工具操控板。

选择"平面"按钮 ,以 RIGHT 面作为参照,设置偏移距离为100,得到图2-6 所示的基准平面 DTM1。

选择 DTM1 作为草绘平面,绘制图2-7(a)所示的拉伸截面图。设置拉伸特征的深度选项为 ⊥(拉伸至与选定的曲面相交),选择图2-7(b)所示的面Ⅰ,单击✓按钮,完成特征创建,结果如图2-8所示。

项目 2　上箱盖设计

 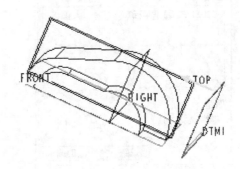

图 2-6　上箱盖新建基准平面 DTM1

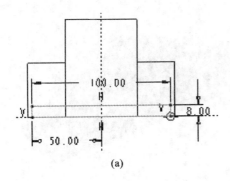 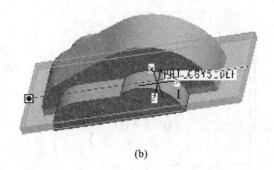

(a)　　　　　　　　　　　　　(b)

图 2-7　上箱盖拉伸截面图和拉伸设置(一)

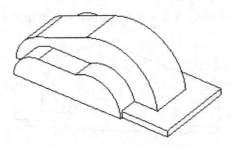

图 2-8　上箱盖拉伸结果(一)

⑤拉伸 4。

在特征工具栏中，单击"拉伸"按钮，进入拉伸特征工具操控面板。

选择"平面"按钮，以 RIGHT 面作为参照，设置偏移距离为 135，得到图 2-9 所示的基准平面 DTM2。

选择 DTM2 作为草绘平面，绘制图 2-10(a)所示的拉伸截面图。设置拉伸特征的深度选项为（拉伸至与选定曲面相交），选择图 2-10(b)所示的面Ⅰ，单击"完成"按钮，完成特征创建，结果如图 2-11 所示。

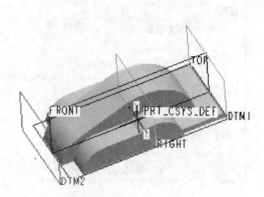

图 2-9　上箱盖新建基准平面 DTM2

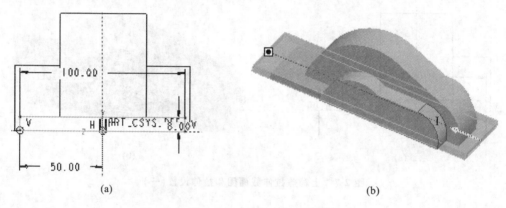

(a)　　　　　　　　　　　　　(b)

图 2-10　上箱盖拉伸截面图和拉伸设置(二)

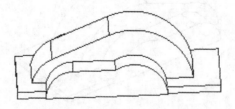

图 2-11　上箱盖拉伸结果(二)

⑥倒圆角。

选择"倒圆角"按钮，设置圆角半径为 26，选择拉伸 3 和拉伸 4 的边线进行倒圆角，结果如图 2-12 所示。

⑦拔模绘制 1。

选择"拔模"按钮，单击图 2-13(a)中的灰色面Ⅰ作为拔模曲面，然后单击图 2-13(b)中的灰色面Ⅱ作为拔模枢轴，设置拔模角度为 6°，选择"完成"按钮，结果如图 2-14 所示。

同理，对另一侧进行拔模，角度为 6°，结果如图 2-15 所示。

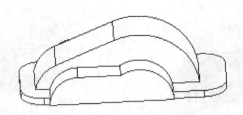

图 2-12　上箱盖倒圆角结果

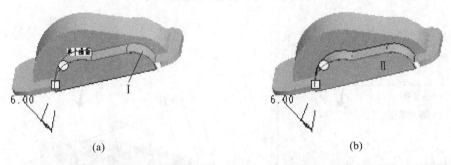

图 2-13　上箱盖拔模曲面和拔模枢轴设置（一）

图 2-14　上箱盖拔模结果（一）

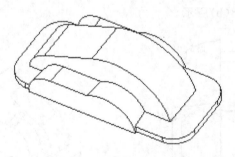

图 2-15　上箱盖拔模结果（二）

⑧筋 1 绘制。

新建基准轴，选择"轴"按钮，在弹出的"基准轴"对话框中单击"放置"标签，然后选择图 2-16 所示的平面Ⅰ，单击"确定"按钮，得到基准轴 A_1。

新建基准平面，选择"平面"按钮，在弹出的"基准平面"对话框中单击"放置"标签，按住"Shift"键，依次选择 RIGHT 面和基准轴 A_1，具体设置如图 2-17(a)所示，单击"确定"按钮，得到图 2-17(b)所示的基准平面 DTM3。

选择"筋"按钮，进入草绘环境，设置基准平面 DTM3 为草绘平面，绘制图 2-18(a)所示的草图，单击"完成"按钮。

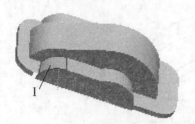 

图 2-16　上箱盖新建基准轴 A_1

 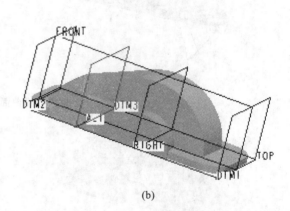

(a)　　　　　　　　　　　　　　　(b)

图 2-17　上箱盖新建基准平面 DTM3

在操控面板中设置筋板的厚度为 8,更改筋生成方式,采用两侧不对称方式,单击"完成"按钮✓,结果如图 2-18(b)所示。

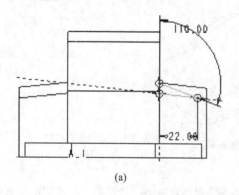 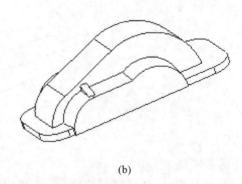

(a)　　　　　　　　　　　　　　　(b)

图 2-18　上箱盖筋 1 草绘图形和筋 1 绘制结果

⑨筋 2 绘制。

选择"筋"按钮,进入草绘环境,设置 RIGHT 面为草绘平面,绘制图 2-19(a)所示的草图,单击✓按钮。

在操控面板中设置筋板厚度为 8,更改筋生成方式,采用两侧对称方式,单击"完成"按钮✓,结果如图 2-19(b)所示。

项目 2　上箱盖设计

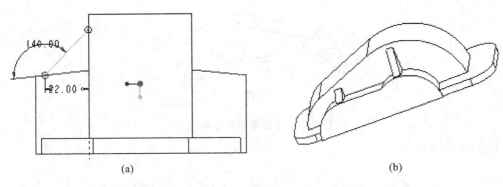

图 2-19　上箱盖筋 2 草绘图形和筋 2 绘制结果

⑩筋 1 和筋 2 镜像操作。

按住"Shift"键,一次选择筋 1 和筋 2,然后选择"镜像"按钮,选择 TOP 面为镜像平面,单击"完成"按钮,结果如图 2-20 所示。

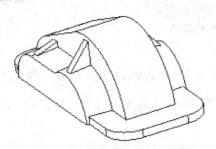

图 2-20　上箱盖筋镜像结果

⑪拉伸 5。

在特征工具栏中,单击"拉伸"按钮,进入拉伸特征工具操控面板。选择图 2-21(a)所示的平面Ⅰ作为草绘平面,绘制图 2-21(b)所示的拉伸截面图。

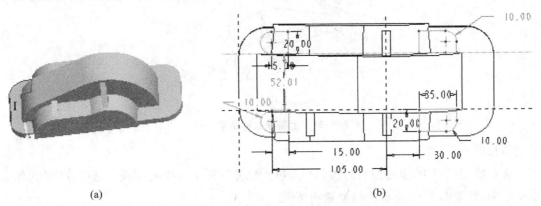

图 2-21　上箱盖草绘设置和草绘图形(二)

在操控面板中设置拉伸高度为 17,单击"完成"按钮,结果如图 2-22 所示。

⑫拔模绘制 2。

单击特征工具栏中的"拔模"按钮,进入拔模特征工具操控面板。设置拔模曲面和拔

27

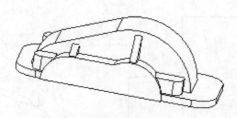

图 2-22 上箱盖拉伸结果(三)

模枢轴如图 2-23 所示。

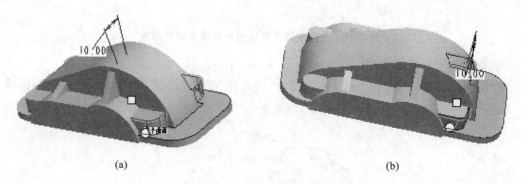

图 2-23 上箱盖拔模曲面和拔模枢轴设置(二)

设拔模角度为 10°,调整方向,完成后单击"完成"按钮✔,完成拔模特征创建,如图 2-24 所示。

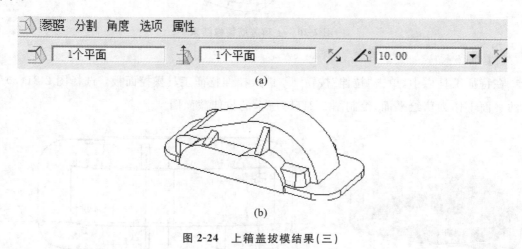

图 2-24 上箱盖拔模结果(三)

⑬拉伸 6。

在特征工具栏中,单击"拉伸"按钮,进入拉伸特征工具操控面板。选择 TOP 面作为草绘平面,绘制图 2-25 所示的拉伸截面图。

设置拉伸特征的深度选项为,深度值为 40,如图 2-26(a)所示,选择"去除材料"按钮,单击"完成"按钮✔,完成特征创建,结果如图 2-26(b)所示。

⑭拉伸 7。

在特征工具栏中单击"拉伸"按钮,进入拉伸特征工具操控面板。选择图 2-27(a)所

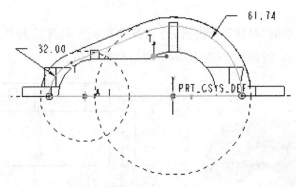

图 2-25　上箱盖拉伸截面图(二)

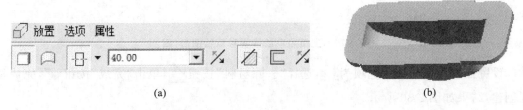

(a)　　　　　　　　　　　　　　　(b)

图 2-26　上箱盖拉伸设置和拉伸结果(三)

示平面 I 作为草绘平面,绘制图 2-27(b)所示的拉伸截面图。

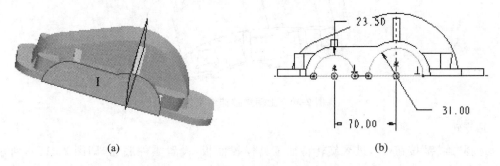

(a)　　　　　　　　　　　　　　　(b)

图 2-27　上箱盖草绘设置和草绘图形(三)

设置拉伸特征的深度选项为 ,选择图 2-28(a)所示的平面,选择"去除材料"按钮 ,单击"完成"按钮 ,完成特征创建,结果如图 2-28(b)所示。

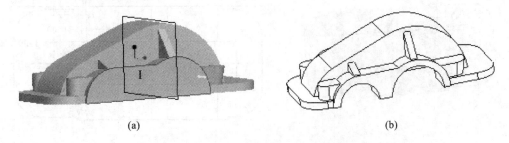

(a)　　　　　　　　　　　　　　　(b)

图 2-28　上箱盖拉伸设置和拉伸结果(四)

⑮拉伸 8。

单击特征工具栏中的"拉伸"按钮，进入拉伸特征工具操控面板。选择图 2-29(a)中的灰色面Ⅰ为草绘平面，绘制图 2-29(b)所示的拉伸截面图。

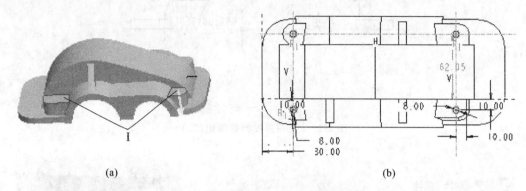

(a)　　　　　　　　　　　　　　　　　　(b)

图 2-29　上箱盖草绘设置和草绘图形(四)

设置拉伸特征的深度选项为，选择"去除材料"按钮，单击"完成"按钮，完成特征创建，结果如图 2-30 所示。

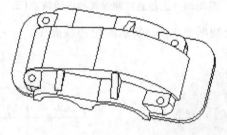

图 2-30　上箱盖拉伸结果(四)

⑯旋转。

选择"旋转"按钮，进入旋转特征工具操控面板，设置零件底面，即图 2-31(a)所示的面Ⅰ为草绘平面，选择"中心线"，绘制与大轴承座的轴重合的中心线，绘制旋转截面(两个 4×3 的矩形)，如图 2-31(b)所示。

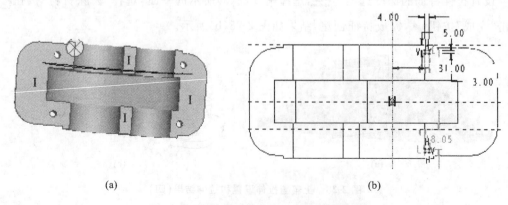

(a)　　　　　　　　　　　　　　　　　　(b)

图 2-31　上箱盖旋转草图设置和旋转截面

设置角度为360°,选择"去除材料"按钮,如图2-32(a)所示,单击"完成"按钮,完成切除特征,结果如图2-32(b)所示。

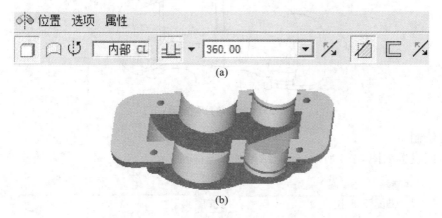

图2-32 上箱盖旋转设置和旋转结果

同理绘制另一轴承支座的凹槽,进行与上一步相同的草绘设置,绘制图2-33(a)所示的草绘图形,进行与上一步相同的旋转切除设置,结果如图2-33(b)所示。

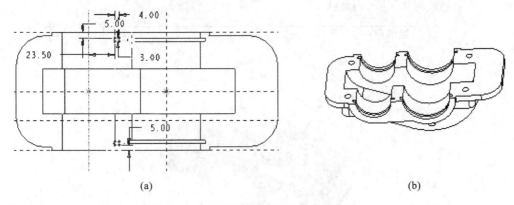

图2-33 上箱盖旋转草图和旋转结果

⑰拉伸9。

单击特征工具栏中的按钮,进入拉伸特征工具操控面板。选择图2-34(a)中的灰色面Ⅰ为草绘平面,绘制图2-34(b)所示的拉伸截面图。

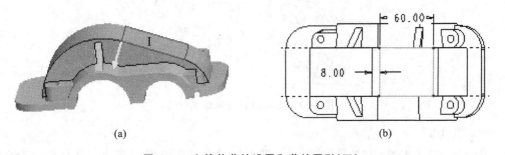

图2-34 上箱盖草绘设置和草绘图形(五)

设置拉伸特征的深度为3,单击"完成"按钮 ✓,完成特征创建,结果如图2-35所示。

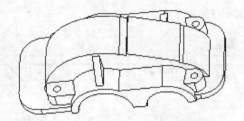

图 2-35　上箱盖拉伸结果(五)

⑱孔绘制1。

孔参照设置如图2-36所示,绘制结果如图2-37所示。

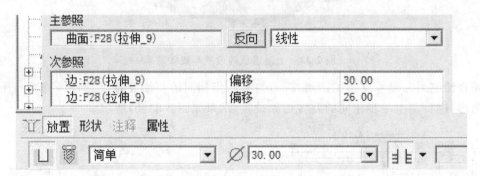

图 2-36　上箱盖孔参照设置(一)

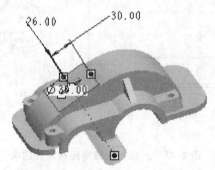

图 2-37　上箱盖孔绘制结果(一)

⑲拉伸10。

单击特征工具栏中的"拉伸"按钮 □,进入拉伸特征工具操控面板。选择图2-38(a)中的灰色面Ⅰ为草绘截面,绘制图2-38(b)所示的拉伸截面(4×φ3)图。

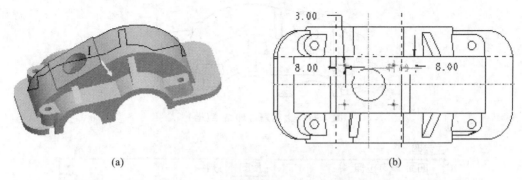

(a)　　　　　　　　　　　　　(b)

图 2-38　上箱盖草绘设置和草绘图形（六）

设置拉伸深度为 5，单击"完成"按钮 ✓，完成特征创建，结果如图 2-39 所示。

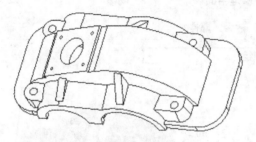

图 2-39　上箱盖拉伸结果（六）

⑳拉伸 11。

单击特征工具栏中的"拉伸"按钮 ，进入拉伸特征工具操控面板。选择图 2-40（a）中的灰色面Ⅰ为草绘平面，绘制图 2-40（b）所示的拉伸截面（2×φ9）图。

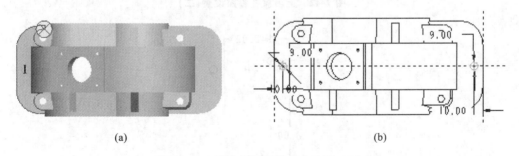

(a)　　　　　　　　　　　　　(b)

图 2-40　上箱盖草绘设置和草绘图形（七）

设拉伸特征的深度选项为 ，选择"去除材料"按钮 ，单击"完成"按钮 ✓，完成特征创建，结果如图 2-41 所示。

㉑孔绘制 2。

选择"孔"按钮 ，在孔特征工具操控面板中选择"草绘孔"，单击"放置"按钮，进行参照设置，如图 2-42 所示。

单击"草绘"按钮 ，草绘图 2-43 所示的孔截面图，单击"完成"按钮 ✓，完成孔的绘制。

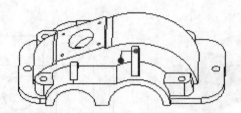

图 2-41 上箱盖拉伸结果(七)

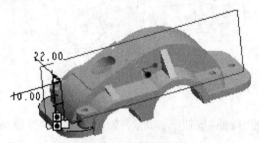

图 2-42 上箱盖孔参照设置(二)

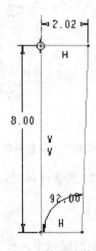

图 2-43 上箱盖孔截面图

同理,绘制另一侧的孔,参照设置如图 2-44 所示,孔截面图如图 2-43 所示,结果如图 2-45 所示。

项目 2 上箱盖设计

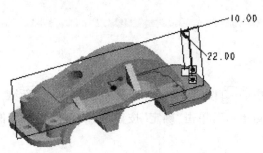

图 2-44 上箱盖孔参照设置(三)

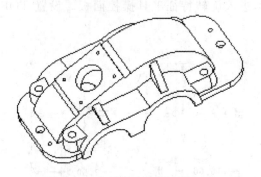

图 2-45 上箱盖孔绘制结果(二)

㉒创建圆角。

该实体模型中,需要进行多处倒圆角,绘制铸造圆角,圆角半径为 2,完成倒圆角操作后,减速箱上箱盖创建完成,保存"upperbox.prt"文件。减速箱上箱盖最终结果如图 2-46 所示。

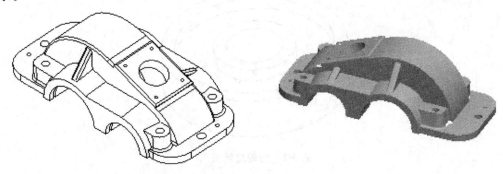

图 2-46 减速箱上箱盖最终结果

项目 3　齿轮设计

操作步骤如下。

（1）创建新文件。

单击"文件"工具栏中的 按钮,或者单击"文件"菜单→"新建"选项,系统弹出"新建"对话框,输入文件名"largegear",单击"确定"按钮,系统自动进入零件环境。

（2）零件绘制。

①旋转。

选择"旋转"按钮 ,进入旋转特征工具操控面板。设置 TOP 面为草绘平面,绘制图 3-1 所示的旋转截面图。

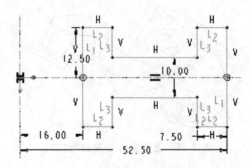

图 3-1　齿轮旋转截面图

设置旋转角度为 360 度,单击 ,完成旋转特征,结果如图 3-2 所示。

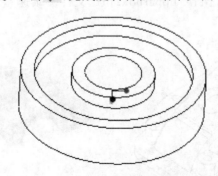

图 3-2　齿轮旋转结果

② 渐开线绘制。

单击"曲线"按钮，在弹出的菜单中选择"从方程"选项→"完成"选项，然后选择"得到坐标系"选项→"选取"选项。在模型树中选择系统的坐标系，在弹出的"设置坐标系类型"对话框中选择"笛卡尔"选项，系统弹出以记事本形式打开的rel.ptd文件，在该文件的横线下输入以下的渐开线曲线参数方程。

$$r = 105/2$$
$$theta = t * 45$$
$$x = r * \cos(theta) + r * \sin(theta) * theta * pi/180$$
$$y = r * \sin(theta) - r * \cos(theta) * theta * pi/180$$
$$z = 0$$

选择记事本中的"文件"选项→"保存"选项，关闭rel.ptd文件，在"曲线：从方程"对话框中选择"确定"按钮，完成渐开线的绘制，结果如图3-3所示。

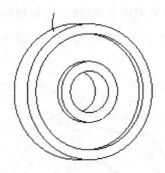

图3-3 齿轮渐开线绘制结果

③ 拉伸。

选择"草绘"按钮，设置FRONT面为草绘平面，其他的保持系统默认设置，在草绘工具中选择"通过边创建图元"按钮，选择渐开线和大圆的轮廓线，绘制直径分别为110、114的两个圆，如图3-4所示；过φ110的圆与渐开线的交点和圆心绘制一条直线，过圆心绘制另一条中心线，两条中心线的夹角为2.1°；删除直径为110的圆；使用"动态修剪"按钮修剪草图，修剪结果如图3-5所示，单击✓按钮。

选择"拉伸"按钮，在操控面板中设置拉伸方式为两侧对称拉伸、拉伸深度为25，单击✓按钮，结果如图3-6所示。

④ 镜像操作。

在模型树中，选择前面生成的渐开线特征，右键单击，选择"隐藏"选项，将渐开线隐藏起来。

在模型树中，选择由步骤③生成的拉伸，选择"镜像"按钮，然后选择图3-7所示的平面Ⅰ为镜像平面，单击✓按钮，结果如图3-8所示。

⑤ 阵列操作。

在模型树中选择拉伸、镜像，单击右键，选择"组"选项。

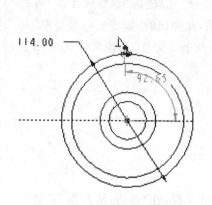
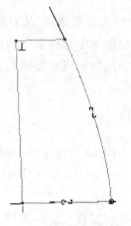
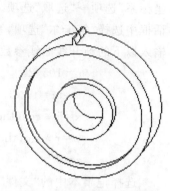

图 3-4　齿轮轮齿草绘图形　　　图 3-5　齿轮轮齿草绘结果　　　图 3-6　齿轮轮齿拉伸结果

选择"阵列"按钮，在操控面板中选择"轴"，在模型树中选择中心轴线，输入第一方向的阵列个数"44"，单击"阵列角度范围"按钮，输入"360"，单击"完成"按钮，结果如图3-9所示。

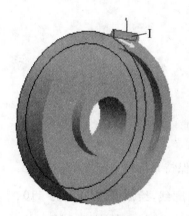
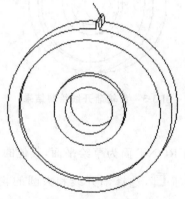

图 3-7　齿轮轮齿镜像平面　　　图 3-8　齿轮轮齿镜像结果　　　图 3-9　齿轮轮齿阵列结果

⑥孔绘制。

选择"孔"按钮，绘制径向孔，孔的主参照为图3-10所示平面Ⅰ，次参照为模型的中心轴线和TOP面，孔距中心轴线的距离为35，与TOP面所成的角度为0°，孔的直径为15，孔的类型为通孔，结果如图3-11所示。

在模型树中选择孔特征，对其进行圆周阵列，个数为4，结果如图3-12所示。

⑦拉伸去除材料。

选择齿轮的上表面作为草绘平面，绘制图3-13所示的草图，然后对其进行拉伸去除材料，结果如图3-14所示。

⑧倒圆角。

对齿轮的外缝处倒半径为2的圆角，保存"largegear.prt"文件。减速箱齿轮的最终结果如图3-15所示。

项目 3　齿轮设计

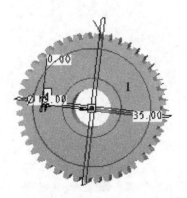

图 3-10　齿轮孔的主参照平面

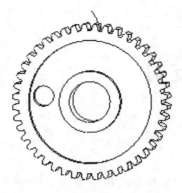

图 3-11　齿轮孔结果

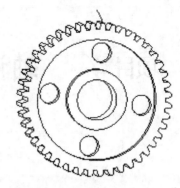

图 3-12　齿轮孔阵列结果

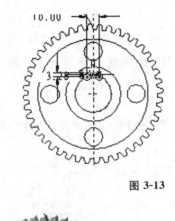
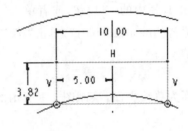

图 3-13　齿轮草绘图形

图 3-14　齿轮去除材料结果

图 3-15　减速箱齿轮的最终结果

39

项目 4　轴设计

操作步骤如下。

（1）创建新文件。

单击"文件"工具栏中的按钮，或者单击"文件"菜单→"新建"选项，系统弹出"新建"对话框，输入文件名"lowspeedshaft"，单击"确定"按钮，系统自动进入零件环境。

（2）零件绘制。

①旋转。

选择 TOP 面为草绘平面，绘制图 4-1 所示的草绘图形，单击"完成"按钮。

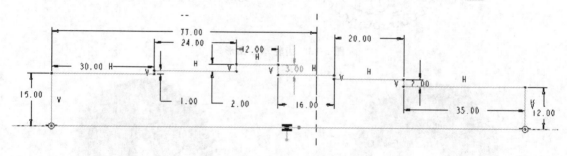

图 4-1　轴设计之草绘图形（一）

在特征工具栏中，选择"旋转"按钮，保持系统默认设置，单击"完成"按钮，结果如图 4-2 所示。

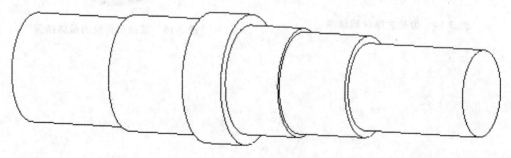

图 4-2　轴设计之旋转结果

②拉伸 1。

选择"平面"按钮，以 FRONT 面作为参照，偏移距离为 16，建立平面 DTM1。选择

DTM1平面作为草绘平面,绘制图4-3所示的草绘图形,单击"完成"按钮✓。

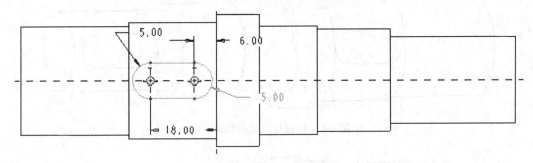

图4-3 轴设计之草绘图形(二)

在特征工具栏中,选择"拉伸"按钮,在操控面板中设置拉伸深度为5,并选择"去除材料"按钮,单击"完成"按钮✓,结果如图4-4所示。

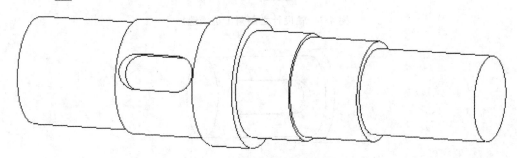

图4-4 轴设计之拉伸结果(一)

③拉伸2。

选择"平面"按钮,以FRONT面作为参照,偏移距离为12,建立平面DTM2。选择DTM2平面作为草绘平面,绘制图4-5所示的草绘图形,单击"完成"按钮✓。

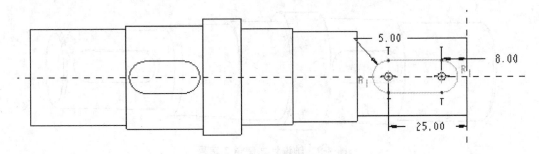

图4-5 轴设计之草绘图形(三)

在特征工具栏中,选择"拉伸"按钮,在操控面板中设置拉伸深度为5,并选择"去除材料"按钮,单击"完成"按钮✓,结果如图4-6所示。

④倒角1。

选择"边倒角"按钮,在操控面板中选择"D×D"选项,倒角距离为2。选择图4-7所示的边线,单击"完成"按钮✓,结果如图4-8所示。

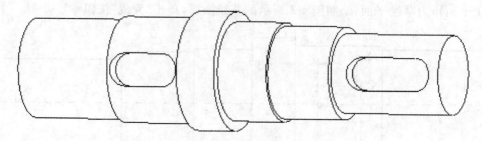

图4-6 轴设计之拉伸结果(二)

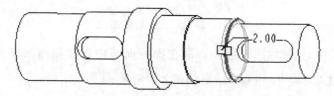

图4-7 轴设计之倒角1边线选择

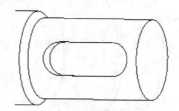

图4-8 轴设计之倒角1结果

⑤倒角2。

选择"边倒角"按钮，在操控面板中选择"45×D"选项，倒角距离为1。选择轴两端的外圆线，单击"完成"按钮，结果如图4-9所示。保存"lowspeedshaft.prt"文件。

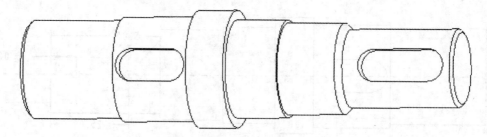

图4-9 轴设计之倒角2结果

项目 5　齿轮轴设计

操作步骤如下。

(1) 创建新文件。

单击"文件"工具栏中的 按钮,或者单击"文件"菜单→"新建"选项,系统弹出"新建"对话框,输入文件名"highspeedshaft",单击"确定"按钮,系统自动进入零件环境。

(2) 零件绘制。

①旋转 1。

选择 FRONT 面作为草绘平面,绘制图 5-1 所示的草绘图形,单击"完成"按钮 。

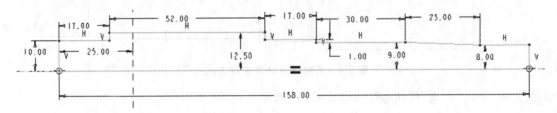

图 5-1　齿轮轴设计之旋转 1 草绘图形

在特征工具栏中,选择"旋转"按钮 ,保持系统的默认设置,单击"完成"按钮 ,结果如图 5-2 所示。

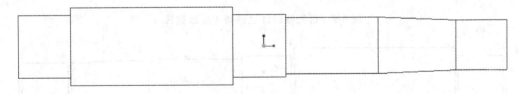

图 5-2　齿轮轴设计之旋转 1 结果

②旋转 2。

选择 FRONT 面作为草绘平面,绘制图 5-3 所示的草绘图形,单击"完成"按钮 。

在特征工具栏中,选择"旋转"按钮 ,选择齿轮轴中心轴线作为旋转轴,设置旋转角度为 360°,并选择"去除材料"按钮 ,单击"完成"按钮 ,结果如图 5-4 所示。

③倒角。

选择"边倒角"按钮 ,在操控面板中选择"45×D"选项,倒角距离为 1,选择图 5-5 所

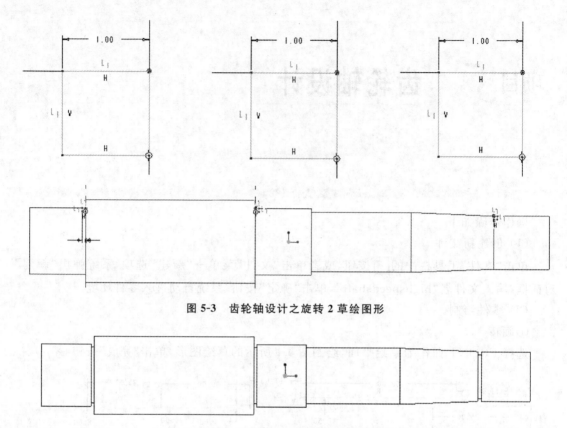

图 5-3　齿轮轴设计之旋转 2 草绘图形

图 5-4　齿轮轴设计之旋转 2 结果

示的边线,单击"完成"按钮 ,结果如图 5-6 所示。

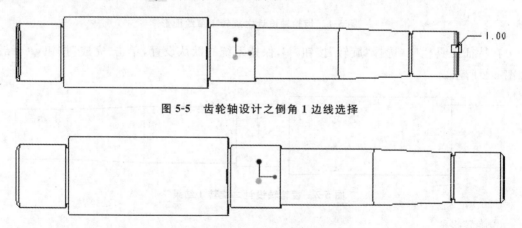

图 5-5　齿轮轴设计之倒角 1 边线选择

图 5-6　齿轮轴设计之倒角 1 结果

④坐标系。

单击"坐标系"按钮,系统弹出"坐标系"对话框,如图 5-7(a)所示,选择第二个标签"定向","定向根据"选择"所选坐标系",设置"关于 Y"角度为 90°,如图 5-7(b)所示,单击"确定"按钮,生成坐标系 CS0。

图 5-7 齿轮轴设计之"坐标系"对话框及其设置

⑤渐开线绘制。

单击"曲线"按钮"～",从弹出的菜单中选择"从方程"选项→"完成"选项,然后选择"得到坐标系"选项→"选取"选项,在模型树中选择系统的坐标系,在弹出的"设置坐标系类型"对话框中选择"笛卡尔"选项,系统弹出记事本打开的 rel.ptd 文件,在文件的横线下输入以下代码所示的渐开线曲线方程。

```
r＝25/2
theta＝t＊60
x＝r＊cos(theta)＋r＊sin(theta)＊theta＊pi/180
y＝r＊sin(theta)－r＊cos(theta)＊theta＊pi/180
z＝0
```

选择记事本中的"文件"选项→"保存"选项,关闭 rel.ptd 文件,在"曲线:从方程"对话框(见图 5-8(a))中选择"确定"按钮,完成渐开线的绘制,结果如图 5-8(b)所示。

 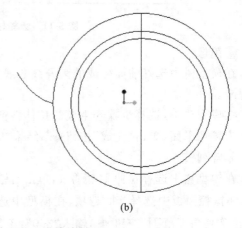

图 5-8 齿轮轴设计之渐开线的绘制

⑥拉伸。

选择"草绘"按钮，设置 RIGHT 面为草绘平面，其他保持系统默认设置，在草绘工具中选择"通过边创建图元"按钮，选择渐开线和轴上最大圆的轮廓线，绘制直径分别为 30、34 的两个圆，如图 5-9 所示；过 φ30 圆与渐开线的交点和 φ30 圆的圆心绘制一条直线，过 φ30 圆的圆心绘制另一条中心线，两条线的夹角为 7.5°；沿着第二条中心线绘制一条直线；删除直径为 30 的圆；使用"动态修剪"按钮修剪草图，修剪结果如图 5-10 所示，单击"完成"按钮。

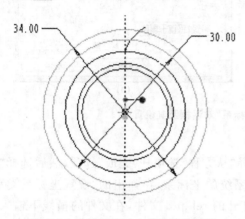

图 5-9　齿轮轴设计之拉伸草绘图形

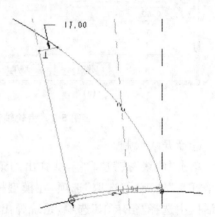

图 5-10　齿轮轴设计之拉伸草绘结果

选择"拉伸"按钮，在操控面板中设置拉伸方式为两侧对称拉伸、拉伸深度为 36，单击"完成"按钮，结果如图 5-11 所示。

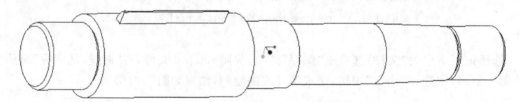

图 5-11　齿轮轴设计之拉伸结果

⑦镜像。

在模型树中选择前面生成的渐开线曲线特征，单击右键，选择"隐藏"选项，将渐开线隐藏起来。

在模型树中，选择步骤⑥生成的拉伸特征，选择"镜像"按钮，然后选择图 5-12 所示的平面Ⅰ为镜像平面，单击"完成"按钮，结果如图 5-13 所示。

⑧阵列。

在模型树中选择拉伸 1、镜像 1，单击右键，选择"组"选项。选择该组，选择"阵列"按钮，在操控面板中选择"轴"选项，在模型中选择中心轴线，输入第一方向的阵列个数"12"，单击"阵列角度范围"按钮，输入"360"，单击"完成"按钮，结果如图 5-14 所示。

⑨旋转 3。

选择 TOP 面作为草绘平面，绘制图 5-15 所示的草绘图形，单击"完成"按钮。

项目 5　齿轮轴设计

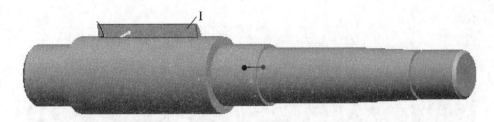

图 5-12　齿轮轴设计之镜像平面选择

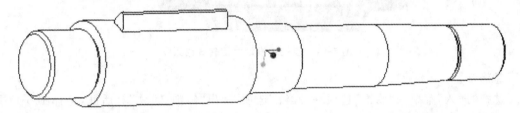

图 5-13　齿轮轴设计之镜像结果

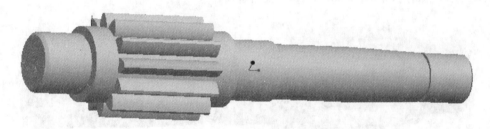

图 5-14　齿轮轴设计之阵列结果

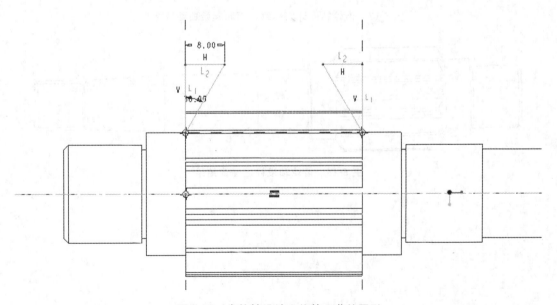

图 5-15　齿轮轴设计之旋转 3 草绘图形

在特征工具栏中，选择"旋转"按钮，选择齿轮轴的中心轴线作为旋转轴，设置旋转角度为 360°，并选择"去除材料"按钮，单击"完成"按钮，结果如图 5-16 所示。

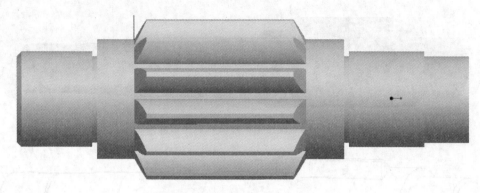

图 5-16 齿轮轴设计之旋转 3 结果

⑩修饰。

选择"插入"菜单→"修饰"选项→"螺纹"选项,弹出"修饰:螺纹"对话框,选择图 5-17 所示的螺纹曲面Ⅱ和起始曲面Ⅰ,设置螺纹长度为 16、主直径为 14,单击"确定"按钮,结果如图 5-18 所示。保存"highspeedshaft.prt"文件。

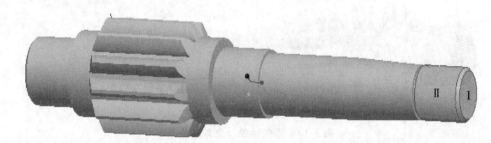

图 5-17 齿轮轴设计之螺纹曲面和起始曲面选择

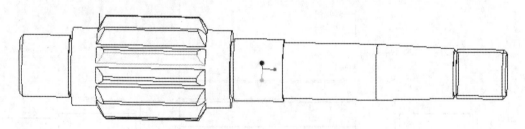

图 5-18 齿轮轴设计之修饰结果

项目 6　大/小轴承设计

操作步骤如下。

（1）大轴承设计。

①创建新文件。

单击"文件"工具栏中的 ▢ 按钮，或者单击"文件"菜单→"新建"选项，系统弹出"新建"对话框，输入文件名"big_bearing"，单击"确定"按钮，系统自动进入零件环境。

②零件绘制。

a. 旋转 1。

选择 FRONT 面作为草绘平面，绘制图 6-1 所示的草绘图形，单击"完成"按钮 ✓。

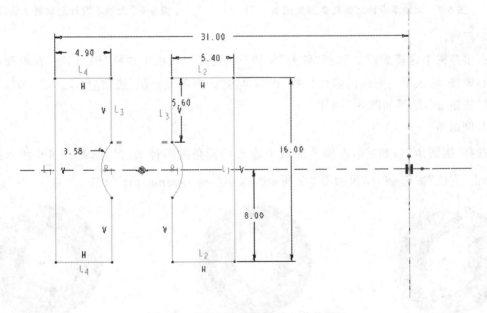

图 6-1　大轴承设计之旋转 1 草绘图形

在特征工具栏中，选择"旋转"按钮 ⊙，保持系统默认设置，单击"完成"按钮 ✓，结果如图 6-2 所示。

b. 旋转 2。

选择 RIGHT 面作为草绘平面，绘制图 6-3 所示的草绘图形，单击"完成"按钮 ✓。

在特征工具栏中，选择"旋转"按钮 ⊙，保持系统默认设置，单击"完成"按钮 ✓，结果如

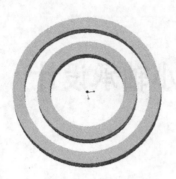

图 6-2 大轴承设计之旋转 1 结果

图 6-4 所示。

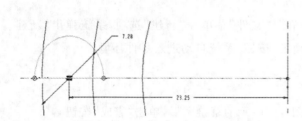

图 6-3 大轴承设计之旋转 2 草绘图形

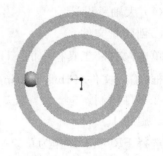

图 6-4 大轴承设计之旋转 2 结果

c. 阵列。

在模型树中选择旋转2,选择"阵列"按钮，在操控面板中选择"轴"选项,在模型中选择中心轴线,输入第一方向的阵列个数"15",单击"阵列角度范围"按钮，输入"360",单击"完成"按钮，结果如图6-5所示。

d. 倒圆角。

选择"倒圆角"按钮，在操控面板中输入倒圆角的半径"1.5",选择图6-6所示的边线,单击"完成"按钮，结果如图6-7所示。保存"big_bearing.prt"文件。

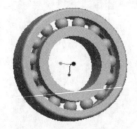

图 6-5 大轴承设计之
阵列结果

图 6-6 大轴承设计之
倒圆角边线选择

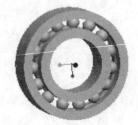

图 6-7 大轴承设计之
倒圆角结果

(2) 小轴承设计。

①按照同样的方法设计小轴承,其相应的旋转1的草绘图形如图6-8所示,结果如图6-9所示。

项目 6　大/小轴承设计

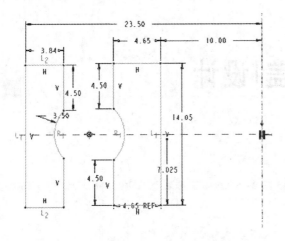

图 6-8　小轴承设计之旋转 1 草绘图形

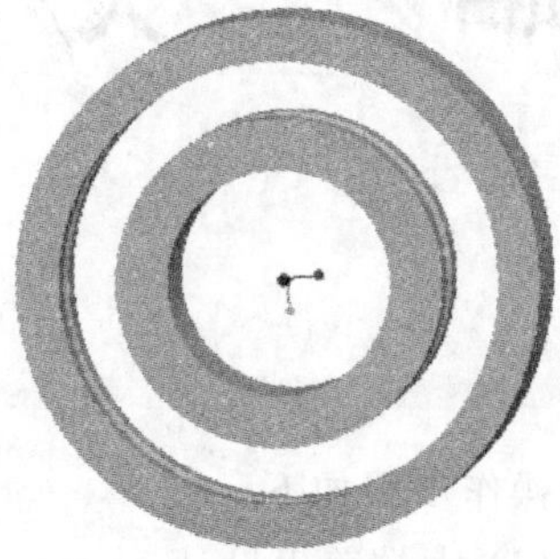

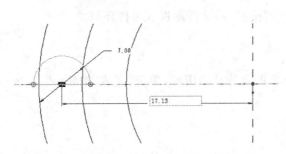

图 6-10　小轴承设计之旋转 2 草绘图形

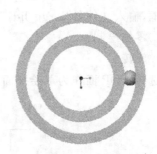

图 6-9　小轴承设计之旋转 1 结果

图 6-11　小轴承设计之旋转 2 结果

②相应的旋转 2 的草绘图形如图 6-10 所示,结果如图 6-11 所示。

③阵列结果如图 6-12 所示。

④倒圆角结果如图 6-13 所示。保存"small_bearing.prt"文件。

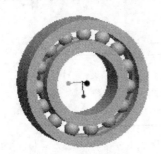

图 6-12　小轴承设计之阵列结果

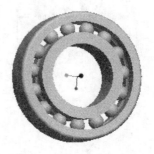

图 6-13　小轴承设计之倒圆角结果

项目 7　大/小端盖1设计

操作步骤如下。

（1）大端盖1设计。

①创建新文件。

单击"文件"工具栏中的 按钮，或者单击"文件"菜单→"新建"选项，系统弹出"新建"对话框，输入文件名"large_lid1"，单击"确定"按钮，系统自动进入零件环境。

②零件绘制。

a. 旋转。

选择 TOP 面作为草绘平面，绘制图 7-1 所示的草绘图形，单击"完成"按钮 。

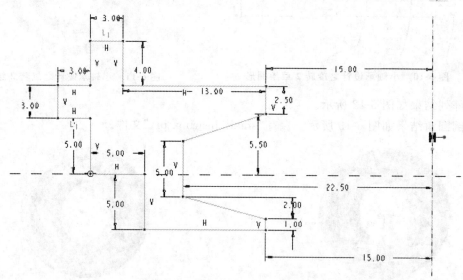

图 7-1　大端盖1设计之旋转草绘图形

在特征工具栏中，选择"旋转"按钮 ，保持系统默认设置，单击"完成"按钮 ，结果如图 7-2 所示。

b. 倒角。

选择"边倒角"按钮 ，在操控面板中选择"45×D"选项，倒角距离为2。选择图 7-3 所示的边线，单击"完成"按钮 ，结果如图 7-4 所示。保存"large_lid1.prt"文件。

项目 7 大/小端盖 1 设计

图 7-2 大端盖 1 设计之旋转结果

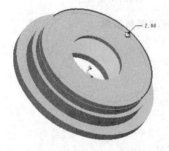

图 7-3 大端盖 1 设计之倒角边线选择　　　　　图 7-4 大端盖 1 设计之倒角结果

（2）小端盖 1 设计。

利用与大端盖 1 设计相同的方法设计小端盖 1。

① 旋转的草绘图形如图 7-5 所示。

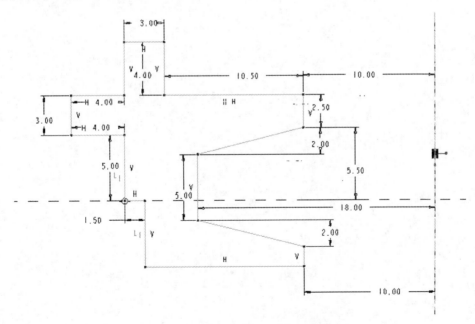

图 7-5 小端盖 1 设计之旋转草绘图形

② 倒角边线选择和倒角结果如图 7-6 所示。保存"small_lid1.prt"文件。

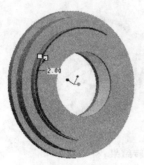 

(a)倒角边线选择　　　　　　　　　　(b)倒角结果

图 7-6　小端盖 1 设计之倒角边线选择和倒角结果

项目 8　大/小端盖2设计

操作步骤如下。

（1）大端盖2设计。

①创建新文件。

单击"文件"工具栏中的 按钮，或者单击"文件"菜单→"新建"选项，系统弹出"新建"对话框，输入文件名"large_lid2"，单击"确定"按钮，系统自动进入零件环境。

②零件绘制。

a. 旋转。

选择TOP面作为草绘平面，绘制图8-1所示的草绘图形，单击"完成"按钮 。

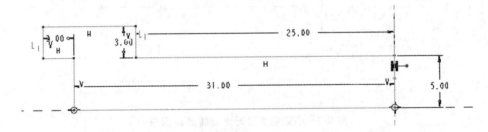

图8-1　大端盖2设计之旋转草绘图形

在特征工具栏中，选择"旋转"按钮 ，保持系统默认设置，单击"完成"按钮 ，结果如图8-2所示。

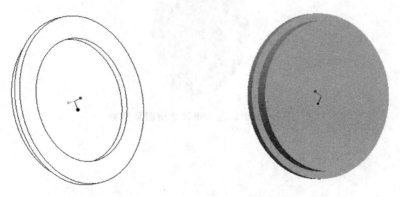

图8-2　大端盖2设计之旋转结果

b. 倒圆角。

选择"倒圆角"按钮 ，在操控面板中输入圆角的半径"1"。选择图8-3所示的边线，单击"完成"按钮 ✓，结果如图8-4所示。保存"large_lid2.prt"文件。

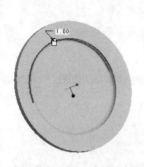

图8-3 大端盖2设计之倒圆角边线选择

图8-4 大端盖2设计之倒圆角结果

（2）小端盖2设计。

用与大端盖2设计相同的方法设计小端盖2。

① 旋转的草绘图形如图8-5所示。

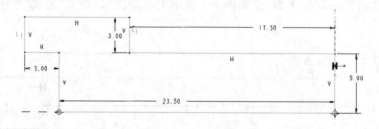

图8-5 小端盖2设计之旋转草绘图形

② 倒圆角，圆角半径为1，结果如图8-6所示。保存"small_lid2.prt"文件。

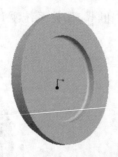

图8-6 小端盖2设计之倒圆角结果

项目 9 挡油环设计

操作步骤如下。

(1) 创建新文件。

单击"文件"工具栏中的 按钮,或者单击"文件"菜单→"新建"选项,系统弹出"新建"对话框,输入文件名"oil_resist",单击"确定"按钮,系统自动进入零件环境。

(2) 零件绘制。

选择 TOP 面作为草绘平面,绘制图 9-1 所示的旋转草绘图形,单击"完成"按钮 。

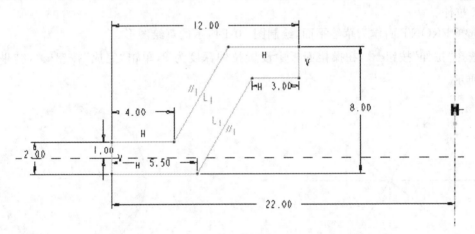

图 9-1 挡油环设计之旋转草绘图形

在特征工具栏中,选择"旋转"按钮 ,保持系统默认设置,单击"完成"按钮 ,结果如图 9-2 所示。保存"oil_resist.prt"文件。

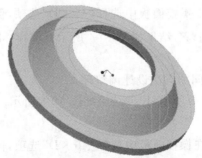

图 9-2 挡油环设计之旋转结果

项目 10　调整环设计

操作步骤如下。

(1) 调整环1设计。

① 创建新文件。

单击"文件"工具栏中的 按钮,或者单击"文件"菜单→"新建"选项,系统弹出"新建"对话框,输入文件名"shaft_cushion1",单击"确定"按钮,系统自动进入零件环境。

② 零件绘制。

a. 拉伸。

选择FRONT面作为草绘平面,绘制图10-1所示的草绘图形。

选择"拉伸"按钮 ,在操控面板中设置拉伸深度为2,单击"完成"按钮 ,结果如图10-2所示。

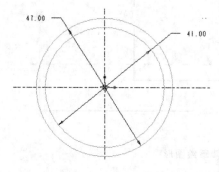 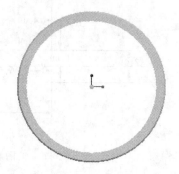

图10-1　调整环1设计之拉伸草绘图形　　　　图10-2　调整环1设计之拉伸结果

b. 倒角。

选择"边倒角"按钮 ,在操控面板中选择"45×D"选项,倒角距离为0.4,选择图10-3所示的边线,单击"完成"按钮 ,结果如图10-4所示。保存"shaft_cushion1.prt"文件。

(2) 调整环2设计。

按照与调整环1设计相同的方法设计调整环2。

① 拉伸草绘图形如图10-5所示,拉伸结果如图10-6所示。

② 倒角。

选择"边倒角"按钮 ,在操控面板中选择"45×D"选项,倒角距离为0.4,选择图10-7所示的边线,单击"完成"按钮 ,结果如图10-8所示。保存"shaft_cushion2.prt"文件。

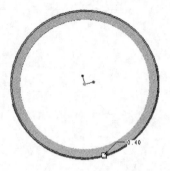

图 10-3　调整环 1 设计之倒角边线选择

图 10-4　调整环 1 设计之倒角结果

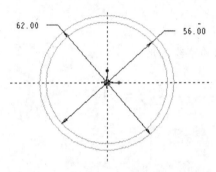

图 10-5　调整环 2 设计之拉伸草绘图形

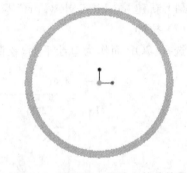

图 10-6　调整环 2 设计之拉伸结果

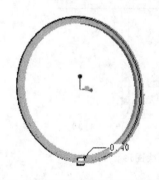

图 10-7　调整环 2 设计之倒角边线选择

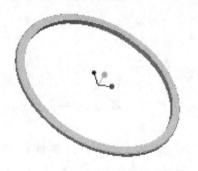

图 10-8　调整环 2 设计之倒角结果

项目 11　视孔盖设计

(1) 新建"cushion_view.prt"零件文件。

(2) 拉伸。

选择 TOP 面作为草绘平面,绘制图 11-1 所示的草绘图形。

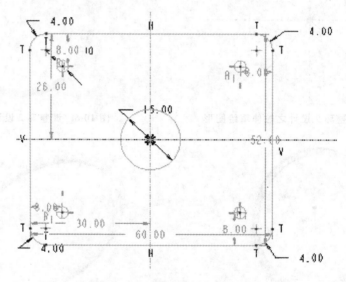

图 11-1　视孔盖设计之拉伸草绘图形

选择"拉伸"按钮，在操控面板中设置拉伸深度为 2,单击"完成"按钮，结果如图 11-2 所示。保存"cushion_view.prt"文件。

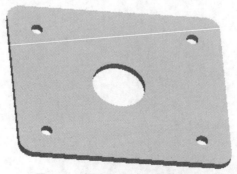

图 11-2　视孔盖设计之拉伸结果

项目 12 通气塞设计

操作步骤如下。

（1）创建新文件。

单击"文件"工具栏中的 按钮，或者单击"文件"菜单→"新建"选项，系统弹出"新建"对话框，输入文件名"air_plug"，单击"确定"按钮，系统自动进入零件环境。

（2）零件绘制。

①旋转。

选择 FRONT 面为草绘平面，绘制图 12-1 所示的草绘图形。

选择"旋转"按钮 ，保持系统默认设置，单击"完成"按钮 ，结果如图 12-2 所示。

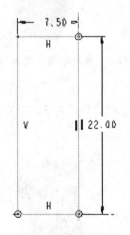 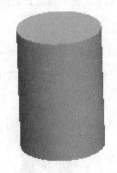

图 12-1 通气塞设计之旋转草绘图形　　图 12-2 通气塞设计之旋转结果

②拉伸。

选择旋转实体的上表面作为草绘平面，绘制直径为 20 的圆，然后对其进行拉伸，拉伸深度为 8，结果如图 12-3 所示。

③孔 1（同轴孔）绘制。

以旋转实体的下表面作为主参照，作与旋转实体的中心轴线同轴的孔，孔的直径为 4，深度为 22，结果如图 12-4 所示。

④孔 2（径向孔）绘制。

以旋转实体的侧面作为主参照，次参照为旋转实体的中心轴线（偏移角度为 0）和拉伸实体的下表面（偏移距离为 3），孔的直径为 4，深度方式为通孔，结果如图 12-5 所示。

图 12-3　通气塞设计之拉伸结果　　图 12-4　通气塞设计之孔 1 绘制结果　　图 12-5　通气塞设计之孔 2 绘制结果

⑤倒角 1。

选择"边倒角"按钮，在操控面板中选择"45×D"选项，倒角的距离为 1，选择图 12-6 所示的边线，单击"完成"按钮，结果如图 12-7 所示。

图 12-6　通气塞设计之倒角 1 边线选择　　　　图 12-7　通气塞设计之倒角 1 结果

⑥倒角 2。

选择"边倒角"按钮，在操控面板中选择"D1×D2"选项，"D2"为 1，"D2"为 2.5，选择图 12-8 所示的边线，单击"完成"按钮，结果如图 12-9 所示。

图 12-8　通气塞设计之倒角 2 边线选择　　　　图 12-9　通气塞设计之倒角 2 结果

⑦螺旋扫描。

选择"插入"菜单→"螺旋扫描"选项→"切口"选项，弹出"切剪：螺旋扫描"对话框，同时弹出属性菜单管理器，选择"常数，穿过轴，右手定则"选项，单击"完成"按钮；选择 FRONT 面，进入草绘环境，绘制图 12-10 所示的轨迹，单击"完成"按钮；设置螺距为 1.5，然后在绘图区十字叉的位置绘制图 12-11 所示的螺旋扫描截面，单击"完成"按钮。最后的螺旋扫描结果如图 12-12 所示。

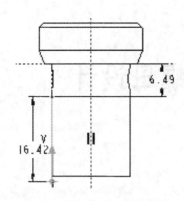

图 12-10　通气塞设计之螺旋扫描轨迹

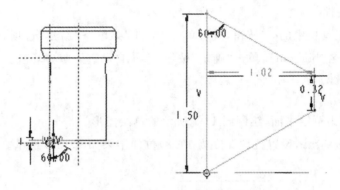

图 12-11　通气塞设计之螺旋扫描截面

图 12-12　通气塞设计之螺旋扫描结果

保存"air_plug.prt"文件。

项目 13　大螺母设计

操作步骤如下。

（1）创建新文件。

单击"文件"工具栏中的按钮，或者单击"文件"菜单→"新建"选项，系统弹出"新建"对话框，输入文件名"big_nut"，单击"确定"按钮，系统自动进入零件环境。

（2）零件绘制。

① 拉伸。

选择 TOP 面为草绘平面，绘制图 13-1 所示的草绘图形。

选择"拉伸"按钮，设置拉伸深度为 14.8，拉伸结果如图 13-2 所示。

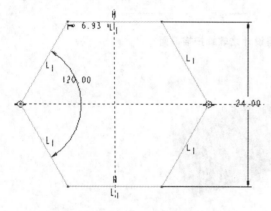

图 13-1　大螺母设计之拉伸草绘图形

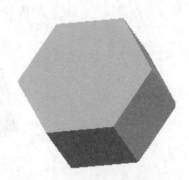

图 13-2　大螺母设计之拉伸结果

② 旋转。

选择 FRONT 面为草绘平面，绘制图 13-3 所示的草绘图形。

选择"旋转"按钮，在操控面板中设置旋转角度为 360°，并选择"去除材料"按钮，结果如图 13-4 所示。用同样的方法，对另一侧进行旋转去除材料操作，结果如图 13-5 所示。

③ 孔绘制。

设置大螺母的上表面为主参照，次参照分别为 FRONT 面（偏移距离为 0）和大螺母上表面的一边（偏移距离为 12），参照示意图如图 13-6 所示。设置孔的直径为 15，孔的深度方式为通孔，结果如图 13-7 所示。

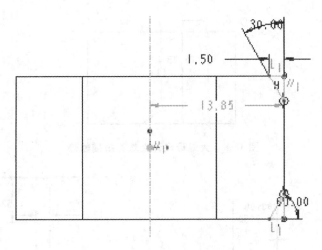

图 13-3　大螺母设计之旋转草绘图形

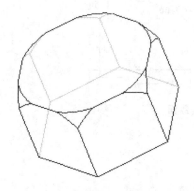

图 13-4　大螺母设计之旋转 1 结果

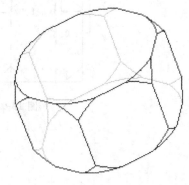

图 13-5　大螺母设计之旋转 2 结果

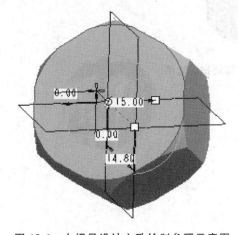

图 13-6　大螺母设计之孔绘制参照示意图

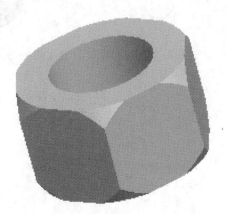

图 13-7　大螺母设计之孔绘制结果

④螺旋扫描。

螺旋扫描轨迹如图 13-8 所示，螺旋扫描面截面如图 13-9 所示，螺距设置为 1.5，螺旋扫描结果如图 13-10 所示。保存"big_nut.prt"文件。

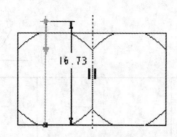

图 13-8　大螺母设计之螺旋扫描轨迹

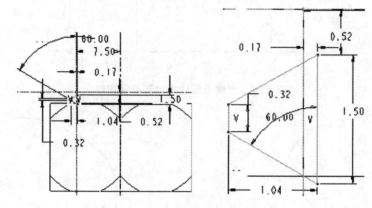

图 13-9　大螺母设计之螺旋扫描截面

图 13-10　大螺母设计之螺旋扫描结果

项目 14　螺栓设计（一）

操作步骤如下。

（1）创建新文件。

单击"文件"工具栏中的 按钮，或者单击"文件"菜单→"新建"选项，系统弹出"新建"对话框，输入文件名"bolt"，单击"确定"按钮，系统自动进入零件环境。

（2）零件绘制。

①拉伸 1。

选择 TOP 面为草绘平面，绘制直径为 7 的圆，对其进行拉伸，深度设置为 2.6，结果如图 14-1 所示。

②拉伸 2。

选择 RIGHT 面为草绘平面，绘制图 14-2 所示的草绘图形，然后对其进行拉伸，设置拉伸深度为 7，拉伸方式为向两侧对称拉伸，并选择"去除材料"按钮 ，结果如图 14-3 所示。

图 14-1　螺栓设计（一）之拉伸 1 结果

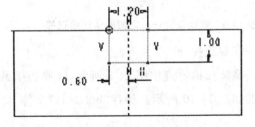

图 14-2　螺栓设计（一）之拉伸 2 草绘图形

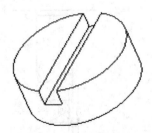

图 14-3　螺栓设计（一）之拉伸 2 结果

③旋转。

选择 FRONT 面为草绘平面，绘制图 14-4 所示的草绘图形，然后选择"旋转"按钮 ，保持默认的系统设置,结果如图14-5所示。

图14-4　螺栓设计(一)之旋转草绘图形

图14-5　螺栓设计(一)之旋转结果

④倒圆角。

选择图14-6所示的边线进行倒圆角,圆角半径为0.5,结果如图14-7所示。

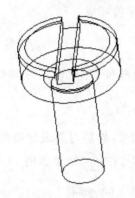

图14-6　螺栓设计(一)之倒圆角边线选择

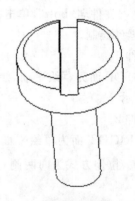

图14-7　螺栓设计(一)之倒圆角结果

⑤螺旋扫描。

螺旋扫描轨迹如图14-8所示,螺旋扫描截面如图14-9所示,螺距设置为0.5,螺旋扫描结果如图14-10所示。保存"bolt.prt"文件。

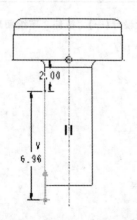

图14-8　螺栓设计(一)之螺旋扫描轨迹

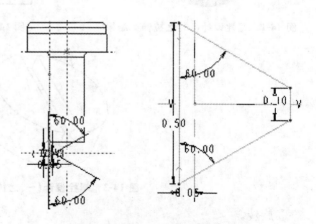

图14-9　螺栓设计(一)之螺旋扫描截面

图 14-10 螺栓设计(一)之螺旋扫描结果

项目 15　通气垫片设计

（1）创建新文件。

单击"文件"工具栏中的 按钮，或者单击"文件"菜单→"新建"选项，系统弹出"新建"对话框，输入文件名"big_air_cushion"，单击"确定"按钮，系统自动进入零件环境。

（2）零件绘制。

①拉伸。

以 FRONT 面为草绘平面，绘制直径分别为 16、26 的两个同心圆，拉伸深度设置为 2，结果如图 15-1 所示。

②倒角。

选择图 15-2 所示的边线，倒角类型为"45×D"，"D"的值为 0.4，结果如图 15-3 所示。保存"big_air_cushion.prt"文件。

图 15-1　通气垫片设计之拉伸结果

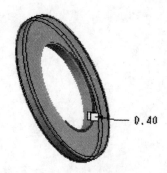

图 15-2　通气垫片设计之倒角边线选择

图 15-3　通气垫片设计之倒角结果

项目 16　油塞设计

操作步骤如下。

(1) 创建新文件。

单击"文件"工具栏中的 按钮,或者单击"文件"菜单→"新建"选项,系统弹出"新建"对话框,输入文件名"oil_plug",单击"确定"按钮,系统自动进入零件环境。

(2) 零件绘制。

①拉伸 1。

选择 TOP 面为草绘平面,绘制图 16-1 所示的草绘图形。

选择"拉伸"按钮 ,设置拉伸深度为 4.8,拉伸结果如图 16-2 所示。

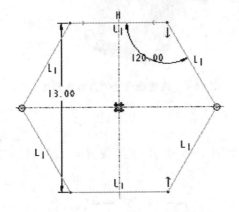

图 16-1　油塞设计之拉伸 1 草绘图形

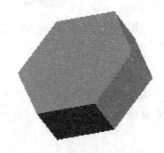

图 16-2　油塞设计之拉伸 1 结果

②拉伸 2。

选择步骤①创建的拉伸实体的底面为草绘平面,绘制直径为 8 的圆,拉伸深度设置为 8,结果如图 16-3 所示。

③旋转。

选择 RIGHT 面为草绘平面,绘制图 16-4 所示的草绘图形,然后进行旋转,并去除材料,结果如图 16-5 所示。

④倒角。

选择图 16-6 所示的边线,倒角类型为"45×D","D"的值为 0.5,倒角结果如图 16-7 所示。

图 16-3 油塞设计之拉伸 2 结果

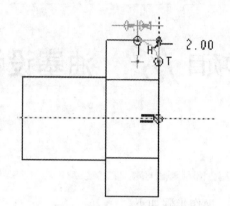

图 16-4 油塞设计之旋转草绘图形

图 16-5 油塞设计之旋转结果

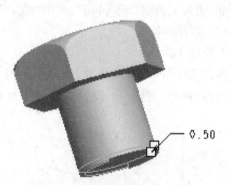

图 16-6 油塞设计之倒角边线选择

⑤螺旋扫描。

螺旋扫描轨迹如图 16-8 所示,螺旋扫描截面如图 16-9 所示,螺距设置为 1.25,螺旋扫描结果如图 16-10 所示。保存"oil_plug.prt"文件。

图 16-7 油塞设计之倒角结果

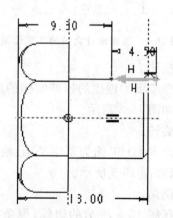

图 16-8 油塞设计之螺旋扫描轨迹

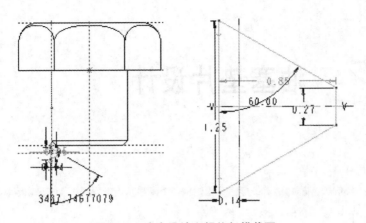

图 16-9 油塞设计之螺旋扫描截面

图 16-10 油塞设计之螺旋扫描结果

项目 17 油塞垫片设计

操作步骤如下。

(1) 创建新文件。

单击"文件"工具栏中的按钮,或者单击"文件"菜单→"新建"选项,系统弹出"新建"对话框,输入文件名"cushion_screw",单击"确定"按钮,系统自动进入零件环境。

(2) 零件绘制。

①拉伸。

以 FRONT 面为草绘平面,绘制直径分别为 16、8.4 的两个同心圆,拉伸深度设置为 1.6,结果如图 17-1 所示。

②倒角。

选择图 17-2 所示的边线,倒角类型为"45×D","D"的值为 0.4,结果如图 17-3 所示。保存"cushion_screw.prt"文件。

图 17-1 油塞垫片设计之拉伸结果

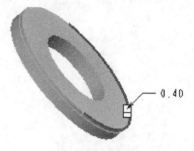

图 17-2 油塞垫片设计之倒角边线选择

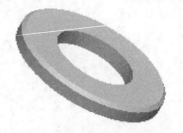

图 17-3 油塞垫片设计之倒角结果

项目 18　油面指示片设计

操作步骤如下。

(1) 创建新文件。

单击"文件"工具栏中的 按钮,或者单击"文件"菜单→"新建"选项,系统弹出"新建"对话框,输入文件名"oil_mark",单击"确定"按钮,系统自动进入零件环境。

(2) 零件绘制。

① 拉伸。

以 TOP 面为草绘平面,绘制直径分别为 36、15 的两个同心圆,拉伸深度为 6,结果如图 18-1 所示。

② 孔 1(径向孔)绘制。

以拉伸实体的上表面作为主参照,次参照为拉伸实体的中心轴线(偏移距离为 12.5)和 FRONT 面(偏移角度为 0),孔 1 的直径为 3,深度方式为通孔,孔 1 绘制结果如图 18-2 所示。

图 18-1　油面指示片设计之拉伸结果

图 18-2　油面指示片设计之孔 1 绘制结果

③ 孔 2(同轴孔)绘制。

以拉伸特征的上表面作为主参照,次参照为孔 1 的中心轴线,孔 2 的直径为 8,深度方式为盲孔(深度为 3),孔 2 绘制结果如图 18-3 所示。

④ 阵列。

按住"Ctrl"键,在模型树中依次选择孔 1 和孔 2,选择"阵列"按钮 ,在操控面板中选择"轴"选项,在模型中选择中心轴线,输入第一方向的阵列个数"3",单击"阵列角度范围"按钮 ,输入"360",单击"完成"按钮 ,结果如图 18-4 所示。

 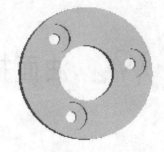

图 18-3　油面指示片设计之孔 2 绘制结果　　　图 18-4　油面指示片设计之阵列结果

⑤倒角。

选择图 18-5 所示的边线,倒角类型为"45×D","D"值为 0.9,结果如图 18-6 所示。保存"oil_mark.prt"文件。

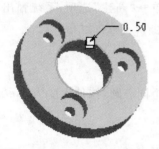 

图 18-5　油面指示片设计之倒角边线选择　　　图 18-6　油面指示片设计之倒角结果

项目 19　封油垫设计

操作步骤如下。

（1）创建新文件。

单击"文件"工具栏中的 按钮，或者单击"文件"菜单→"新建"选项，系统弹出"新建"对话框，输入文件名"oil_markcushion"，单击"确定"按钮，系统自动进入零件环境。

（2）零件绘制。

① 拉伸。

以 TOP 面为草绘平面，绘制直径分别为 36、15 的两个同心圆，拉伸深度设置为 2，结果如图 19-1 所示。

图 19-1　封油垫设计之拉伸结果

② 旋转。

选择 FRONT 面为草绘平面，绘制图 19-2 所示的草绘图形，然后将其旋转 360°，结果如图 19-3 所示。

③ 孔 1（径向孔）绘制。

以拉伸实体的上表面作为主参照，次参照为拉伸实体的中心轴线（偏移距离为 12.5）和 FRONT 面（偏移角度为 0），孔 1 的直径为 3，深度方式为通孔，孔 1 绘制结果如图 19-4 所示。

④ 阵列 1。

选择孔 1，选择"阵列"按钮 ，在操控面板中选择"轴"选项，在模型中选择中心轴线，输入第一方向的阵列个数"3"，单击"阵列角度范围"按钮 ，输入"360"，单击"完成"按钮 ，结果如图 19-5 所示。

⑤ 孔 2（径向孔）绘制。

以拉伸实体的上表面作为主参照，次参照为拉伸实体的中心轴线（偏移距离为 3.75）和

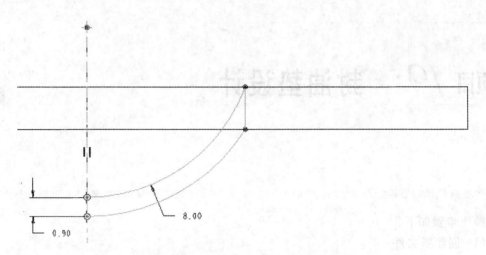

图 19-2 封油垫设计之旋转草绘图形

图 19-3 封油垫设计之旋转结果

图 19-4 封油垫设计之孔 1 绘制结果

图 19-5 封油垫设计之阵列 1 结果

FRONT 面(偏移角度为 0),孔 2 的直径为 2,深度方式为通孔,孔 2 绘制结果如图 19-6 所示。

⑥阵列 2。

选择孔 2,选择"阵列"按钮,在操控面板中选择"轴"选项,在模型中选择中心轴线,输入第一方向的阵列个数"2",单击"阵列角度范围"按钮,输入"360",单击"完成"按钮,结果如图 19-7 所示。保存"oil_markcushion.prt"文件。

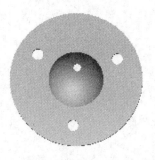
图 19-6　封油垫设计之孔 2 绘制结果

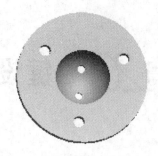
图 19-7　封油垫设计之阵列 2 结果

项目 20　键设计

操作步骤如下。

（1）创建新文件。

单击"文件"工具栏中的 按钮，或者单击"文件"菜单→"新建"选项，系统弹出"新建"对话框，输入文件名"bond"，单击"确定"按钮，系统自动进入零件环境。

（2）零件绘制。

①拉伸。

以 TOP 面为草绘平面，绘制图 20-1 所示的草绘图形，拉伸深度设置为 8，结果如图 20-2 所示。

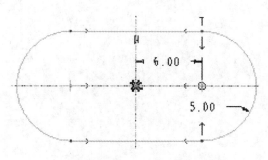

图 20-1　键设计之拉伸草绘图形

图 20-2　键设计之拉伸结果

②倒角。

选择图 20-3 所示的边线，倒角类型为"45×D"，"D"的值为 0.4，结果如图 20-4 所示。保存"bond.prt"文件。

项目 20 键设计

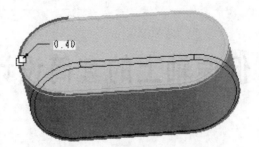

图 20-3　键设计之倒角边线选择

图 20-4　键设计之倒角结果

项目 21　低速轴上的套筒设计

操作步骤如下。

(1) 新建"sleeve.prt"文件。

(2) 拉伸。

以 TOP 面为草绘平面,绘制图 21-1 所示的草绘图形,拉伸深度设置为 13,结果如图 22-2 所示。保存"sleeve.prt"文件。

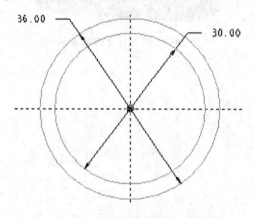

图 21-1　低速轴上的套筒设计之拉伸草绘图形

图 21-2　低速轴上的套筒设计之拉伸结果

项目 22　长螺栓设计

操作步骤如下。

（1）创建新文件。

单击"文件"工具栏中的 按钮，或者单击"文件"菜单→"新建"选项，系统弹出"新建"对话框，输入文件名"long_screw"，单击"确定"按钮，系统自动进入零件环境。

（2）零件绘制。

① 拉伸 1。

选择 TOP 为草绘平面，绘制图 22-1 所示的草绘图形，对其进行拉伸，拉伸深度设置为 5.3，结果如图 22-2 所示。

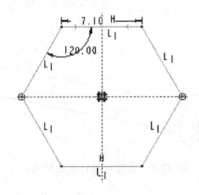　　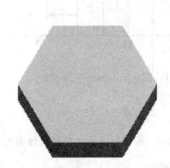

图 22-1　长螺栓设计之拉伸 1 草绘图形　　图 22-2　长螺栓设计之拉伸 1 结果

② 拉伸 2。

选择拉伸 1 实体的下表面为草绘平面，绘制直径为 8 的圆，然会对其进行拉伸，设置拉伸深度为 60，结果如图 22-3 所示。

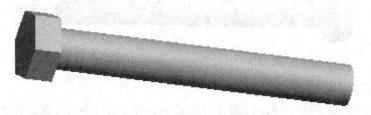

图 22-3　长螺栓设计之拉伸 2 结果

③倒圆角。

选择图 22-4 所示的边线进行倒圆角,圆角半径为 0.4,结果如图 22-5 所示。

图 22-4　长螺栓设计之倒圆角边线选择

图 22-5　长螺栓设计之倒圆角结果

④旋转。

选择 RIGHT 面作为草绘平面,绘制图 22-6 所示的草绘图形,然后选择"旋转"按钮,设置旋转角度为 360°,并选择"去除材料"按钮,结果如图 22-7 所示。

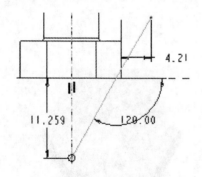

图 22-6　长螺栓设计之旋转草绘图形

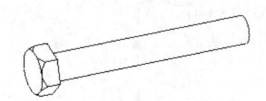

图 22-7　长螺栓设计之旋转结果

⑤倒角。

选择图 22-8 所示的边线进行倒角,倒角类型为"45×D","D"的值为 0.5,结果如图 22-9 所示。

图 22-8　长螺栓设计之倒角边线选择

⑥螺旋扫描。

螺旋扫面轨迹如图 22-10 所示,螺旋扫描截面如图 22-11 所示,螺距设置为 1.25,螺旋扫描结果如图 22-12 所示。保存"long_screw.prt"文件。

项目 22　长螺栓设计

图 22-9　长螺栓设计之倒角结果

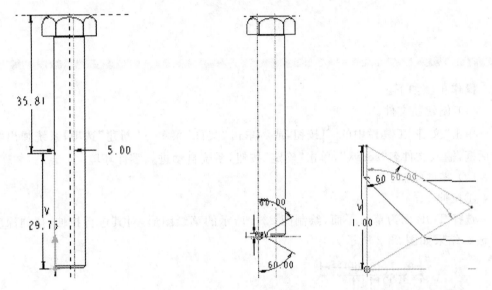

图 22-10　长螺栓设计之螺旋扫描轨迹　　　　图 22-11　长螺栓设计之螺旋扫描截面

图 22-12　长螺栓设计之螺旋扫描结果

项目 23　螺栓设计（二）

操作步骤如下。

(1) 创建新文件。

单击"文件"工具栏中的 按钮，或者单击"文件"菜单→"新建"选项，系统弹出"新建"对话框，输入文件名"screw"，单击"确定"按钮，系统自动进入零件环境。

(2) 零件绘制。

①拉伸 1。

选择 TOP 面为草绘平面，绘制图 23-1 所示的草绘图形，对其进行拉伸，拉伸深度设置为 5.3，结果如图 23-2 所示。

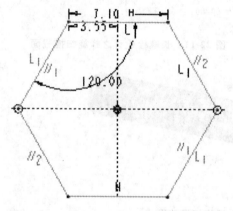
图 23-1　螺栓设计(二)之拉伸 1 草绘图形

图 23-2　螺栓设计(二)之拉伸 1 结果

②拉伸 2。

选择拉伸 1 实体的下表面为草绘平面，绘制直径为 8 的圆，然后对其进行拉伸，设置拉伸深度为 25，结果如图 23-3 所示。

图 23-3　螺栓设计(二)之拉伸 2 结果

③倒圆角。

选择图 23-4 所示的边线进行倒圆角,圆角半径为 0.4,结果如图 23-5 所示。

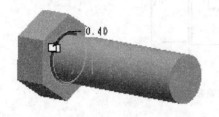

图 23-4　螺栓设计(二)之倒圆角边线选择

图 23-5　螺栓设计(二)之倒圆角结果

④旋转。

选择 RIGHT 面为草绘平面,绘制图 23-6 所示的草绘图形,然后选择"旋转"按钮,设置旋转角度为 360°,并选择"去除材料"按钮,结果如图 23-7 所示。

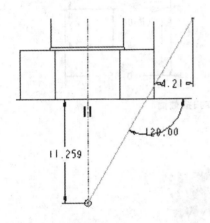

图 23-6　螺栓设计(二)之旋转草绘图形

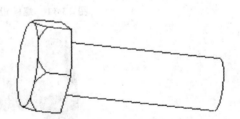

图 23-7　螺栓设计(二)之旋转结果

⑤倒角。

选择图 23-8 所示的边线进行倒角,倒角类型为"45×D","D"的值为 0.5,结果如图 23-9 所示。

图 23-8　螺栓设计(二)之倒角边线选择

图 23-9　螺栓设计(二)之倒角结果

⑥螺旋扫描。

螺旋扫描轨迹如图 23-10 所示,螺旋扫描截面如图 23-11 所示,螺距设置为 1.25,螺旋扫描结果如图 23-12 所示。保存"screw.prt"文件。

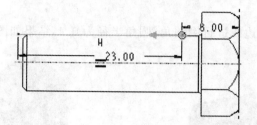

图 23-10　螺栓设计(二)之螺旋扫描轨迹

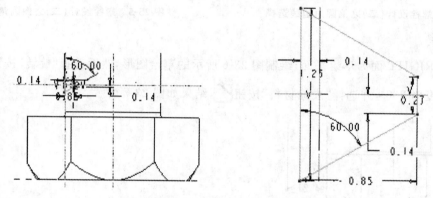

图 23-11　螺栓设计(二)之螺旋扫描截面

图 23-12　螺栓设计(二)之螺旋扫描结果

项目 24　螺母设计

操作步骤如下。

（1）创建新文件。

单击"文件"工具栏中的 按钮，或者单击"文件"菜单→"新建"选项，系统弹出"新建"对话框，输入文件名"nut"，单击"确定"按钮，系统自动进入零件环境。

（2）零件绘制。

①拉伸。

选择 TOP 面作为草绘平面，绘制图 24-1 所示的草绘图形。

选择"拉伸"按钮 ，设置拉伸深度为 7.9，拉伸结果如图 24-2 所示。

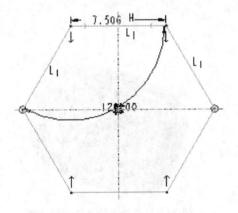

图 24-1　螺母设计之拉伸草绘图形

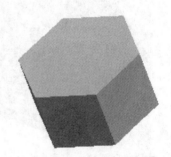

图 24-2　螺母设计之拉伸结果

②旋转。

选择 RIGHT 面为草绘平面，绘制图 24-3 所示的草绘图形。

选择"旋转"按钮 ，在操控面板中设置旋转角度为 360°，并选择"去除材料"按钮 ，结果如图 24-4 所示。用同样的方法，对另一侧进行旋转去除材料，结果如图 24-5 所示。

③孔绘制。

设置螺母的上表面为主参照，次参照示意图如图 24-6 所示，偏移两边的距离均为 6.5，设置孔的直径为 8，孔的深度方式为通孔，孔绘制结果如图 24-7 所示。

④螺旋扫描。

螺旋扫描轨迹如图 24-8 所示，螺旋扫描截面如图 24-9 所示，螺距设为 1.25，螺旋扫描

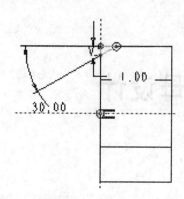

图 24-3　螺母设计之旋转草绘图形

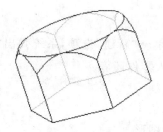

图 24-4　螺母设计之旋转 1 结果

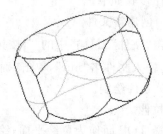

图 24-5　螺母设计之旋转 2 结果

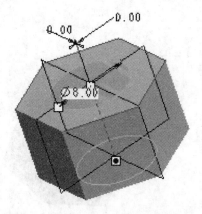

图 24-6　螺母设计之孔绘制参照示意图

图 24-7　螺母设计之孔绘制结果

结果如图 24-10 所示。保存"nut.prt"文件。

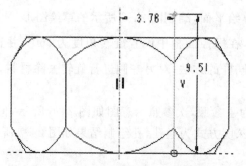

图 24-8　螺母设计之螺旋扫描轨迹

项目 24 　螺母设计

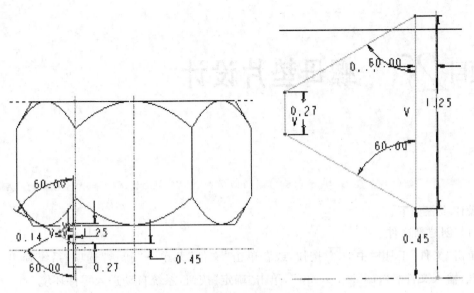

图 24-9 　螺母设计之螺旋扫描截面

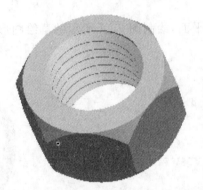

图 24-10 　螺母设计之螺旋扫描结果

项目 25　螺母垫片设计

操作步骤如下。

（1）创建新文件。

单击"文件"工具栏中的按钮，或者单击"文件"菜单→"新建"选项，系统弹出"新建"对话框，输入文件名"cushion_screw"，单击"确定"按钮，系统自动进入零件环境。

（2）零件绘制。

①拉伸。

选择 FRONT 面为草绘平面，绘制图 25-1 所示的草绘图形，对其进行拉伸，拉伸深度设为 1.6，结果如图 25-2 所示。

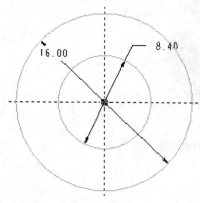

图 25-1　螺母垫片设计之拉伸草绘图形

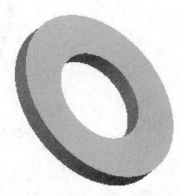

图 25-2　螺母垫片设计之拉伸结果

②倒角。

选择图 25-3 所示的边线进行倒角，倒角类型为"45×D"，"D"的值为 0.4，结果如图 25-4 所示。保存"cushion_screw.prt"文件。

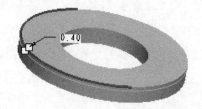

图 25-3　螺母垫片设计之倒角边线选择

图 25-4　螺母垫片设计之倒角结果

项目 26　销设计

操作步骤如下。

（1）新建"pin.prt"文件。

（2）旋转。

选择 TOP 面作为草绘平面，绘制图 26-1 所示的草绘图形，对其进行旋转，旋转角度设置为 360°，旋转结果如图 26-2 所示。保存"pin.prt"文件。

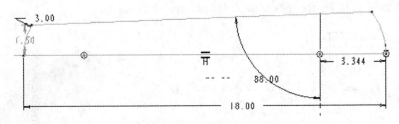

图 26-1　销设计之旋转草绘图形

图 26-2　销设计之旋转结果

项目 27 大/小密封环设计

操作步骤如下。

(1) 大密封环设计。

①新建"seal_loop1.prt"文件。

②旋转。

选择 TOP 面为草绘平面,绘制图 27-1 所示的草绘图形,对其进行旋转,旋转角度设置为 360°,结果如图 27-2 所示。保存"seal_loop1.prt"文件。

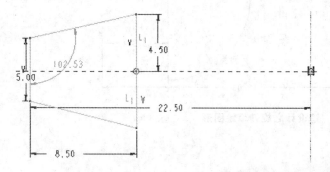

图 27-1 大密封环设计之旋转草绘图形

图 27-2 大密封环设计之旋转结果

(2) 小密封环设计。

采用与大密封环设计相同的方法绘制小密封,文件保存为"seal_loop2"。小密封环设计之旋转草绘图形如图 27-3 所示,结果如图 27-4 所示。保存"seal_loop2.prt"文件。

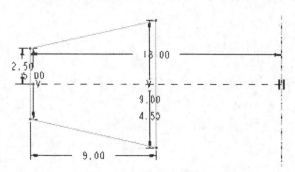

图 27-3 小密封环设计之旋转草绘图形

图 27-4 小密封环设计之旋转结果

项目 28　减速箱装配设计

28.1　"lowspeedshaft.asm"组件装配

操作步骤如下。

（1）单击"文件"工具栏中的 按钮，或者单击"文件"菜单→"新建"选项，系统弹出"新建"对话框，在"新建"对话框中选择"组件"，"子类型"选择"设计"，输入文件名"lowspeedshaft"，单击"确定"按钮，系统自动进入组件环境。

（2）置入低速轴。

选择"插入"菜单→"元件"选项→"装配"选项，系统弹出"打开"对话框，选取"lowspeedshaft.prt"文件后，单击"打开"按钮，导入 lowspeedshaft.prt 中的数据，结果如图 28-1 所示。

图 28-1　置入低速轴

（3）置入键。

选择"插入"菜单→"元件"选项→"装配"选项，系统弹出"打开"对话框，选取"bond.prt"文件后，单击"打开"按钮，导入 bond.prt 中的数据。

在缺省状态下，系统使用的约束方式为"自动"，逐次添加图 28-2 所示的约束参照。系统自动识别约束种类依次为"匹配"和"插入"。

完成约束参照添加后，系统显示约束状态为"完全约束"，单击"完成"按钮 ，完成键的装配，得到图 28-3 所示的组件。

（4）置入齿轮。

选择"插入"菜单→"元件"选项→"装配"选项，系统弹出"打开"对话框，选取"largegear.prt"文件后，单击"打开"按钮，导入 largegear.prt 中的数据。

在缺省状态下，系统使用的约束方式为"自动"，逐次添加图 28-4 所示的约束参照。系

(a)约束参照1：匹配　　　　　　　　　　　(b)约束参照2：插入

图 28-2　键的放置参照

图 28-3　完成键装配后得到的组件

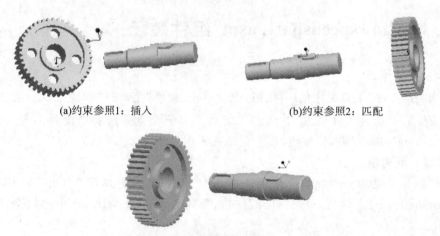

(a)约束参照1：插入　　　　　　　　　　　(b)约束参照2：匹配

(c)约束参照3：匹配

图 28-4　齿轮的放置参照

统自动识别约束种类依次为"插入""匹配""匹配"。

完成约束参照添加后，系统显示约束状态为"完全约束"，单击"完成"按钮 ✓，完成齿轮的装配，得到图 28-5 所示的组件。

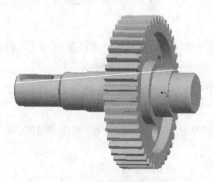

图 28-5　完成齿轮装配后得到的组件

（5）置入套筒。

选择"插入"菜单→"元件"选项→"装配"选项，系统弹出"打开"对话框，选取"sleeve.

prt"文件后,单击"打开"按钮,导入 sleeve.prt 中的数据。

在缺省状态下,系统使用的约束方式为"自动",逐次添加图 28-6 所示的约束参照。系统自动识别约束种类依次为"插入"和"匹配"。

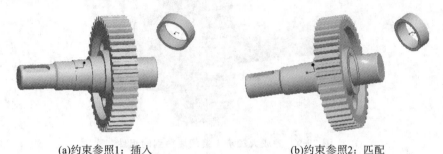

(a)约束参照1:插入　　　　　　　　(b)约束参照2:匹配

图 28-6　套筒的放置参照

完成约束参照添加后,系统显示约束状态为"完全约束",单击"完成"按钮,完成套筒的装配,得到图 28-7 所示的组件。

图 28-7　完成套筒装配后得到的组件

(6) 置入大轴承 1。

选择"插入"菜单→"元件"选项→"装配"选项,系统弹出"打开"对话框,选取"big_bearing.prt"文件后,单击"打开"按钮,导入 big_bearing.prt 中的数据。

在缺省状态下,系统使用的约束方式为"自动",逐次添加图 28-8 所示的约束参照。系统自动识别约束种类依次为"插入"和"匹配"。

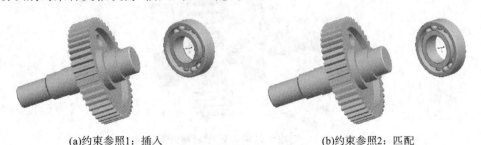

(a)约束参照1:插入　　　　　　　　(b)约束参照2:匹配

图 28-8　大轴承 1 的放置参照

完成约束参照添加后,系统显示约束状态为"完全约束",单击"完成"按钮,完成大轴承1的装配,得到图28-9所示的组件。

图28-9　完成大轴承1装配后得到的组件

(7) 置入大轴承2。

选择"插入"菜单→"元件"选项→"装配"选项,系统弹出"打开"对话框,选取"big_bearing.prt"文件后,单击"打开"按钮,导入 big_bearing.prt 中的数据。

在缺省状态下,系统使用的约束方式为"自动",逐次添加图28-10所示的约束参照。系统自动识别约束种类依次为"插入"和"匹配"。

(a)约束参照1：插入　　　　　　　　　(b)约束参照2：匹配

图28-10　大轴承2的放置参照

完成约束参照添加后,系统显示约束状态为"完全约束",单击"完成"按钮✓,完成大轴承2的装配,得到图28-11所示的组件。

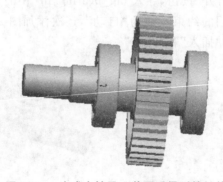

图28-11　完成大轴承2装配后得到的组件

(8) 置入大端盖1。

选择"插入"菜单→"元件"选项→"装配"选项,系统弹出"打开"对话框,选取"large_lid1.prt"文件后,单击"打开"按钮,导入 large_lid1.prt 中的数据。

在缺省状态下,系统使用的约束方式为"自动",逐次添加图 28-12 所示的约束参照。系统自动识别约束种类依次为"插入"和"匹配"。

(a)约束参照1:插入　　　　　　　　　(b)约束参照2:匹配

图 28-12　大端盖 1 的放置参照

完成约束参照添加后,系统显示约束状态为"完全约束",单击"完成"按钮,完成大端盖 1 的装配,得到图 28-13 所示的组件。

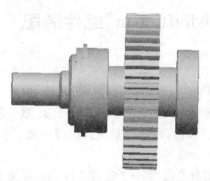

图 28-13　完成大端盖 1 装配后得到的组件

(9) 置入密封环 1。

在模型树中依次选择 lowspeedshaft、bond、largegear、sleeve、big_gearing,单击鼠标右键,从快捷菜单中选择"隐藏"选项,将这几个零件暂时隐藏起来。

选择"插入"菜单→"元件"选项→"装配"选项,系统弹出"打开"对话框,选取"seal_loop1.prt"文件后,单击"打开"按钮,导入 seal_loop1.prt 中的数据。

在缺省状态下,系统使用的约束方式为"自动",逐次添加图 28-14 所示的约束参照。系

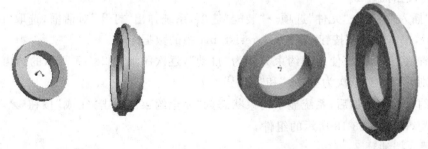

(a)约束参照1:插入　　　　　　　　　(b)约束参照2:对齐(偏距为-1)

图 28-14　密封环 1 的放置参照

统自动识别约束种类依次为"插入"和"对齐",且对齐参照偏距为−1。

完成约束参照添加后,系统显示约束状态为"完全约束",单击"完成"按钮,完成密封环1的装配,得到图28-15所示的组件。

图 28-15　完成密封环 1 装配后得到的组件

对前面隐藏的零件取消隐藏。

28.2　"higspeedshaft.asm"组件装配

操作步骤如下。

(1) 单击"文件"工具栏中的按钮,或者单击"文件"菜单→"新建"选项,系统弹出"新建"对话框,在"新建"对话框中选择"组件","子类型"选择"设计",输入文件名"highspeedshaft",单击"确定"按钮,系统自动进入组件环境。

(2) 置入调速轴。

选择"插入"菜单→"元件"选项→"装配"选项,系统弹出"打开"对话框,选取"highspeedshaft.prt"文件后,单击"打开"按钮,导入 highspeedshaft.prt 中的数据,结果如图 28-16 所示。

图 28-16　置入高速轴

(3) 置入挡油环 1。

选择"插入"菜单→"元件"选项→"装配"选项,系统弹出"打开"对话框,选取"oil_resist.prt"文件后,单击"打开"按钮,导入 oil_resist.prt 中的数据。

在缺省状态下,系统使用的约束方式为"自动",逐次添加图 28-17 所示的约束参照。系统自动识别约束种类依次为"插入"和"匹配"。

完成约束参照添加后,系统显示约束状态为"完全约束",单击"完成"按钮,完成挡油环 1 的装配,得到图 28-18 所示的组件。

(4) 置入挡油环 2。

选择"插入"菜单→"元件"选项→"装配"选项,系统弹出"打开"对话框,选取"oil_resist.prt"文件后,单击"打开"按钮,导入 oil_resist.prt 中的数据。

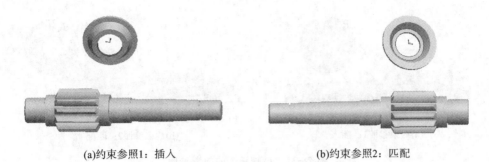

(a)约束参照1：插入　　　　　　　　(b)约束参照2：匹配

图 28-17　挡油环 1 的放置参照

图 28-18　完成挡油环 1 装配后得到的组件

在缺省状态下,系统使用的约束方式为"自动",逐次添加图 28-19 所示的约束参照。系统自动识别约束种类依次为"插入"和"匹配"。

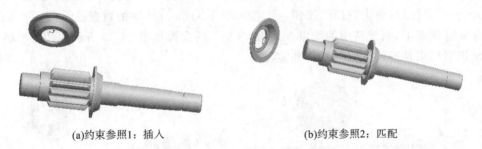

(a)约束参照1：插入　　　　　　　　(b)约束参照2：匹配

图 28-19　挡油环 2 的放置参照

完成约束参照添加后,系统显示约束状态为"完全约束",单击"完成"按钮,完成挡油环 2 的装配,得到图 28-20 所示的组件。

图 28-20　完成挡油环 2 装配后得到的组件

(5)置入小轴承 1。

选择"插入"菜单→"元件"选项→"装配"选项,系统弹出"打开"对话框,选取"small_bearing.prt"文件后,单击"打开"按钮,导入 small_bearing.prt 中的数据。

在缺省状态下,系统使用的约束方式为"自动",逐次添加图 28-21 所示的约束参照。系统自动识别约束种类依次为"插入"和"匹配"。

完成约束参照添加后,系统显示约束状态为"完全约束",单击"完成"按钮,完成小轴

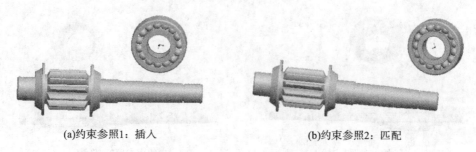

(a)约束参照1：插入　　　　　　　　(b)约束参照2：匹配

图 28-21　小轴承 1 的放置参照

承 1 的装配，得到图 28-22 所示的组件。

图 28-22　完成小轴承 1 装配后得到的组件

(6) 置入小轴承 2。

选择"插入"菜单→"元件"选项→"装配"选项，系统弹出"打开"对话框，选取"small_bearing.prt"文件后，单击"打开"按钮，导入 small_bearing.prt 中的数据。

在缺省状态下，系统使用的约束方式为"自动"，逐次添加图 28-23 所示的约束参照。系统自动识别约束种类依次为"插入"和"匹配"。

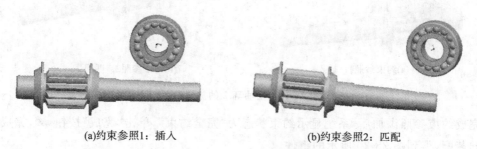

(a)约束参照1：插入　　　　　　　　(b)约束参照2：匹配

图 28-23　小轴承 2 的放置参照

完成约束参照添加后，系统显示约束状态为"完全约束"，单击"完成"按钮✔，完成小轴承 2 的装配，得到图 28-24 所示的组件。

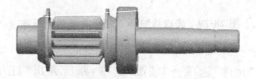

图 28-24　完成小轴承 2 装配后得到的组件

(7) 置入小端盖 1。

选择"插入"菜单→"元件"选项→"装配"选项，系统弹出"打开"对话框，选取"small_lid1.prt"文件后，单击"打开"按钮，导入 small_lid1.prt 中的数据。

项目 28　减速箱装配设计

在缺省状态下,系统使用的约束方式为"自动",逐次添加图 28-25 所示的约束参照。系统自动识别约束种类依次为"插入"和"匹配"。

(a)约束参照1:插入　　　　　　　　(b)约束参照2:匹配

图 28-25　小端盖 1 的放置参照

完成约束参照添加后,系统显示约束状态为"完全约束",单击"完成"按钮 ✔,完成小端盖 1 的装配,得到图 28-26 所示的组件。

图 28-26　完成小端盖 1 装配后得到的组件

(8) 置入密封环 2。

在模型树中依次选择 highspeedshaft、oil_resist(2 个)、small_bearing(2 个),单击鼠标右键,从快捷菜单中选择"隐藏"选项,将这几个零件暂时隐藏起来。

选择"插入"菜单→"元件"选项→"装配"选项,系统弹出"打开"对话框,选取"small_loop2.prt"文件后,单击"打开"按钮,导入 small_loop2.prt 中的数据。

在缺省状态下,系统使用的约束方式为"自动",逐次添加图 28-27 所示的约束参照。系统自动识别约束种类依次为"插入"和"对齐",且对齐参照偏距为 -1。

(a)约束参照1:插入　　　　　　(b)约束参照2:对齐(偏距为 -1)

图 28-27　密封环 2 的放置参照

完成约束参照添加后,系统显示约束状态为"完全约束",单击"完成"按钮 ✔,完成密封环 2 的装配,得到图 28-28 所示的组件。

对前面隐藏的零件取消隐藏。

103

图 28-28　完成密封环 2 装配后得到的组件

28.3　"bottombox.asm"组件装配

操作步骤如下。

（1）单击"文件"工具栏中的 按钮，或者单击"文件"菜单→"新建"选项，系统弹出"新建"对话框，在"新建"对话框中选择"组件"，"子类型"选择"设计"，输入文件名"bottombox"，单击"确定"按钮，系统自动进入组件环境。

（2）置入下箱体。

选择"插入"菜单→"元件"选项→"装配"选项，系统弹出"打开"对话框，选取"bottombox.prt"文件后，单击"打开"按钮，导入 bottombox.prt 中的数据，结果如图 28-29 所示。

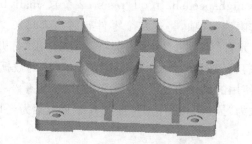

图 28-29　置入下箱体

（3）置入封油垫。

选择"插入"菜单→"元件"选项→"装配"选项，系统弹出"打开"对话框，选取"oil_markcushion.prt"文件后，单击"打开"按钮，导入 oil_markcushion.prt 中的数据。

在缺省状态下，系统使用的约束方式为"自动"，逐次添加图 28-30 所示的约束参照。系统自动识别约束种类依次为"插入"和"匹配"。

完成约束参照添加后，系统显示约束状态为"完全约束"，单击"完成"按钮 ，完成封油垫的装配，如图 28-31(a)所示，得到图 28-31(b)所示的组件。

（4）置入油面指示片。

选择"插入"菜单→"元件"选项→"装配"选项，系统弹出"打开"对话框，选取"oil_mark.prt"文件后，单击"打开"按钮，导入 oil_mark.prt 中的数据。

在缺省状态下，系统使用的约束方式为"自动"，逐次添加图 28-32 所示的约束参照。系

项目 28　减速箱装配设计

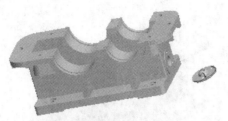 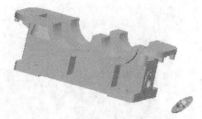

(a)约束参照1：插入　　　　　　　　　　　(b)约束参照2：匹配

图 28-30　封油垫的放置参照

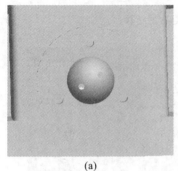 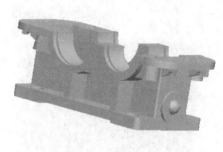

(a)　　　　　　　　　　　　　　　　　　(b)

图 28-31　封油垫的装配及得到的组件

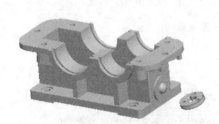 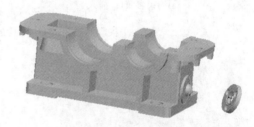

(a)约束参照1：插入　　　　　　　　　　　(b)约束参照2：匹配

图 28-32　油面指示片的放置参照

统自动识别约束种类依次为"插入"和"匹配"。

完成约束参照添加后，系统显示约束状态为"完全约束"，单击"完成"按钮，完成油面指示片的装配，如图 28-33(a)所示，得到图 28-33(b)所示的组件。

（5）置入螺栓。

选择"插入"菜单→"元件"选项→"装配"选项，系统弹出"打开"对话框，选取"bolt.prt"文件后，单击"打开"按钮，导入 bolt.prt 中的数据。

在缺省状态下，系统使用的约束方式为"自动"，逐次添加图 28-34 所示的约束参照。系统自动识别约束种类依次为"插入"和"匹配"。

完成约束参照添加后，系统显示约束状态为"完全约束"，单击"完成"按钮，完成螺栓的装配。用同样的方法装配另外两个螺栓。螺栓的装配如图 28-35(a)所示，最后得到的组件如图 28-35(b)所示。

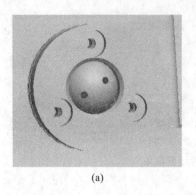 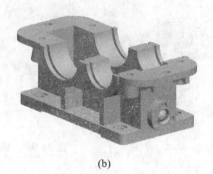

(a)　　　　　　　　　　　　　　　(b)

图 28-33　油面指示片的装配及得到的组件

 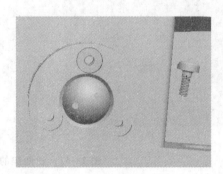

(a)约束参照1：插入　　　　　　　　　(b)约束参照2：匹配

图 28-34　螺栓的放置参照

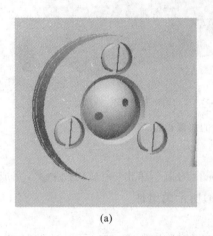 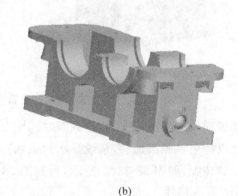

(a)　　　　　　　　　　　　　　　(b)

图 28-35　螺栓的装配及得到的组件

(6) 置入油塞垫片。

选择"插入"菜单→"元件"选项→"装配"选项，系统弹出"打开"对话框，选取"cushion_screw.prt"文件后，单击"打开"按钮，导入 cushion_screw.prt 中的数据。

在缺省状态下，系统使用的约束方式为"自动"，逐次添加图 28-36 所示的约束参照。系统自动识别约束种类依次为"插入"和"匹配"。

完成约束参照添加后，系统显示约束状态为"完全约束"，单击"完成"按钮 ✓，完成油塞

项目 28　减速箱装配设计

(a)约束参照1：插入　　　　　　　　(b)约束参照2：匹配

图 28-36　油塞垫片的放置参照

垫片的装配，如图 28-37(a)所示，得到图 28-37(b)所示的组件。

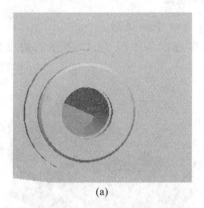
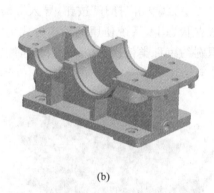

(a)　　　　　　　　　　　　　　　　(b)

图 28-37　油塞垫片的装配及得到的组件

（7）置入油塞。

选择"插入"菜单→"元件"选项→"装配"选项，系统弹出"打开"对话框，选取"oil_plug.prt"文件后，单击"打开"按钮，导入 oil_plug.prt 中的数据。

在缺省状态下，系统使用的约束方式为"自动"，逐次添加图 28-38 所示的约束参照。系统自动识别约束种类依次为"插入"和"匹配"。

(a)约束参照1：插入　　　　　　　　(b)约束参照2：匹配

图 28-38　油塞的放置参照

完成约束参照添加后，系统显示约束状态为"完全约束"，单击"完成"按钮，完成油塞的装配，如图 28-39 所示。

（8）置入大端盖 2。

选择"插入"菜单→"元件"选项→"装配"选项，系统弹出"打开"对话框，选取"large_

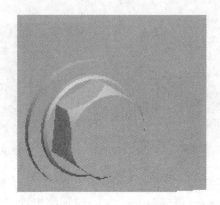

图 28-39 油塞的装配

lid2.prt"文件后,单击"打开"按钮,导入 large_lid2.prt 中的数据。

在缺省状态下,系统使用的约束方式为"自动",逐次添加图 28-40 所示的约束参照。系统自动识别约束种类依次为"插入"和"匹配"。

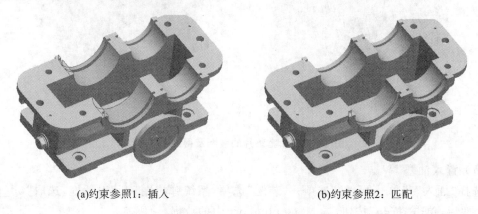

(a)约束参照1:插入　　　　　　　　　(b)约束参照2:匹配

图 28-40 大端盖 2 的放置参照

完成约束参照添加后,系统显示约束状态为"完全约束",单击"完成"按钮 ✓,完成大端盖 2 的装配,得到图 28-41 所示的组件。

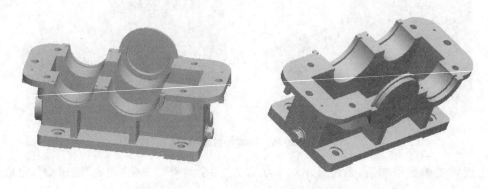

图 28-41 完成大端盖 2 装配后得到的组件

(9) 置入小端盖2。

选择"插入"菜单→"元件"选项→"装配"选项,系统弹出"打开"对话框,选取"small_lid2.prt"文件后,单击"打开"按钮,导入 small_lid2.prt 中的数据。

在缺省状态下,系统使用的约束方式为"自动",逐次添加图 28-42 所示的约束参照。系统自动识别约束种类依次为"插入"和"匹配"。

 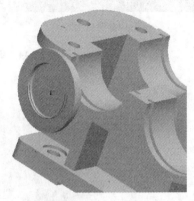

(a)约束参照1:插入　　　　　　　　　(b)约束参照2:匹配

图 28-42　小端盖 2 的放置参照

完成约束参照添加后,系统显示约束状态为"完全约束",单击"完成"按钮，完成小端盖 2 的装配,得到组件如图 28-43 所示。

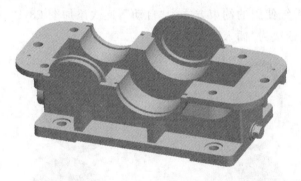

图 28-43　完成小端盖 2 装配后得到的组件

(10) 置入调整环1。

选择"插入"菜单→"元件"选项→"装配"选项,系统弹出"打开"对话框,选取"shaft_cushion1.prt"文件后,单击"打开"按钮,导入 shaft_cushion1.prt 中的数据。

在缺省状态下,系统使用的约束方式为"自动",逐次添加图 28-44 所示的约束参照。系统自动识别约束种类依次为"插入"和"匹配"。

完成约束参照添加后,系统显示约束状态为"完全约束",单击"完成"按钮，完成调整环 1 的装配,得到图 28-45 所示的组件。

(11) 置入调整环2。

选择"插入"菜单→"元件"选项→"装配"选项,系统弹出"打开"对话框,选取"shaft_

(a)约束参照1：插入　　　　　　　　(b)约束参照2：匹配

图 28-44　调整环 1 的放置参照

图 28-45　完成调整环 1 装配后得到的组件

cushion2.prt"文件后，单击"打开"按钮，导入 shaft_cushion2.prt 中的数据。

在缺省状态下，系统使用的约束方式为"自动"，逐次添加图 28-46 所示的约束参照。系统自动识别约束种类依次为"插入"和"匹配"。

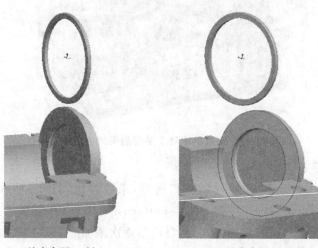

(a)约束参照1：插入　　　　　　　　(b)约束参照2：匹配

图 28-46　调整环 2 的放置参照

完成约束参照添加后，系统显示约束状态为"完全约束"，单击"完成"按钮 ✓，完成调整环 2 的装配，得到图 28-47 所示的组件。

图 28-47　完成调整环 2 装配后得到的组件

28.4　"upperbox.asm"组件装配

操作步骤如下。

(1) 单击"文件"工具栏中的 按钮,或者单击"文件"菜单→"新建"选项,系统弹出"新建"对话框,在打开的对话框中选择"组件","子类型"选择"设计",输入文件名"upperbox",单击"确定"按钮,系统自动进入组件环境。

(2) 置入上箱盖。

选择"插入"菜单→"元件"选项→"装配"选项,系统弹出"打开"对话框,选取"upperbox.prt"文件后,单击"打开"按钮,导入 upperbox.prt 中的数据,结果如图 28-48 所示。

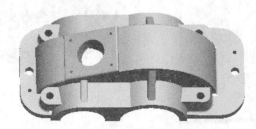

图 28-48　置入上箱盖

(3) 置入视孔盖。

选择"插入"菜单→"元件"选项→"装配"选项,系统弹出"打开"对话框,选取"cushion_view.prt"文件后,单击"打开"按钮,导入 cushion_view.prt 中的数据。

在缺省状态下,系统使用的约束方式为"自动",逐次添加图 28-49 所示的约束参照。系统自动识别约束种类依次为"插入""匹配""匹配"。

完成约束参照添加后,系统显示约束状态为"完全约束",单击"完成"按钮✔,完成视孔盖的装配,如图 28-50(a)所示,得到图 28-50(b)所示的组件。

(4) 置入通气塞。

在模型树中一次选择 upperbox.prt,单击鼠标右键,从快捷菜单中选择"隐藏"选项,将

(a)约束参照1：插入

(b)约束参照2：匹配

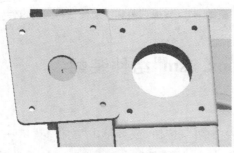
(c)约束参照3：匹配

图 28-49 视孔盖的放置参照

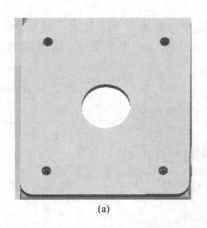
(a)

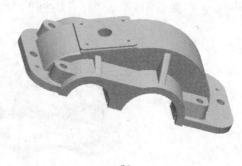
(b)

图 28-50 视孔盖的装配及得到的组件

上箱盖暂时隐藏起来。

选择"插入"菜单→"元件"选项→"装配"选项，系统弹出"打开"对话框，选取"air_plug.prt"文件后，单击"打开"按钮，导入 air_plug.prt 中的数据。

在缺省状态下，系统使用的约束方式为"自动"，逐次添加图 28-51 所示的约束参照。系统自动识别约束种类依次为"插入"和"对齐"，且对齐参照偏距为 13。

完成约束参照添加后，系统显示约束状态为"完全约束"，单击"完成"按钮，完成通气塞的装配，如图 28-52 所示。

(a)约束参照1：插入　　　　　　　　　　(b)约束参照2：对齐（偏距为13）

图 28-51　通气塞的放置参照

图 28-52　通气塞的装配

（5）置入通气垫片。

选择"插入"菜单→"元件"选项→"装配"选项，系统弹出"打开"对话框，选取"big_air_cushion.prt"文件后，单击"打开"按钮，导入 big_air_cushion.prt 中的数据。

在缺省状态下，系统使用的约束方式为"自动"，逐次添加图 28-53 所示的约束参照。系统自动识别约束种类依次为"插入"和"匹配"。

完成约束参照添加后，系统显示约束状态为"完全约束"，单击"完成"按钮，完成通气垫片的装配，如图 28-54 所示。

（6）置入螺栓。

选择"插入"菜单→"元件"选项→"装配"选项，系统弹出"打开"对话框，选取"bolt.prt"文件后，单击"打开"按钮，导入 bolt.prt 中的数据。

在缺省状态下，系统使用的约束方式为"自动"，逐次添加图 28-55 所示的约束参照。系统自动识别约束种类依次为"插入"和"匹配"。

完成约束参照添加后，系统显示约束状态为"完全约束"，单击"完成"按钮，完成螺栓的装配。使用同样的方法，装配其他三个螺栓，得到图 28-56 所示组件。

对前面隐藏的零件取消隐藏，结果如图 28-57 所示。

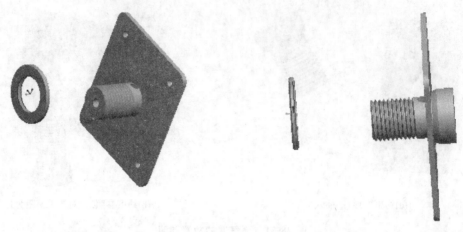

(a)约束参照1：插入　　　　　　　　　　　　(b)约束参照2：匹配

图 28-53　通气垫片的放置参照

图 28-54　通气垫片的装配

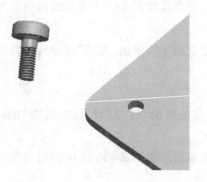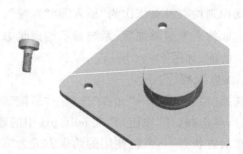

(a)约束参照1：插入　　　　　　　　　　　　(b)约束参照2：匹配

图 28-55　螺栓的放置参照

项目 28　减速箱装配设计

图 28-56　螺栓的装配

图 28-57　"upperbox.asm"组件装配结果

28.5　"total.asm"组件装配

操作步骤如下。

（1）单击"文件"工具栏中的 按钮，或者单击"文件"菜单→"新建"选项，系统弹出"新建"对话框，在"新建"对话框中选择"组件"，"子类型"选择"设计"，输入文件名"total"，单击"确定"按钮，系统自动进入组件环境。

（2）置入 bottombox.asm。

选择"插入"菜单→"元件"选项→"装配"选项，系统弹出"打开"对话框，选取"bottombox.prt"文件后，单击"打开"按钮，导入 bottombox.prt 中的数据，结果如图 28-58 所示。

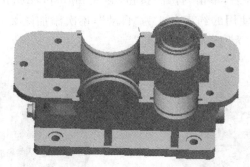
图 28-58　置入 bottombox.asm

（3）置入 lowspeedshaft.asm。

选择"插入"菜单→"元件"选项→"装配"选项，系统弹出"打开"对话框，选取"lowspeedshaft.prt"文件后，单击"打开"按钮，导入 lowspeedshaft.prt 中的数据。

在缺省状态下，系统使用的约束方式为"自动"，逐次添加图 28-59 所示的约束参照。系统自动识别约束种类依次为"插入"和"匹配"。

完成约束参照添加后，系统显示约束状态为"完全约束"，单击"完成"按钮 ，完成 lowspeedshaft.prt 的装配，得到图 28-60 所示的组件。

（4）置入 highspeedshaft.asm。

选择"插入"菜单→"元件"选项→"装配"选项，系统弹出"打开"对话框，选取

(a)约束参照1：插入　　　　　　　　　　　(b)约束参照2：匹配

图 28-59　lowspeedshaft.asm 的放置参照

图 28-60　完成 lowspeedshaft.asm 装配后得到的组件

"highspeedshaft.prt"文件后，单击"打开"按钮，导入 highspeedshaft.prt 中的数据。

在缺省状态下，系统使用的约束方式为"自动"，逐次添加图 28-61 所示的约束参照。系统自动识别约束种类依次为"插入"和"匹配"。

(a)约束参照1：插入　　　　　　　　　　　(b)约束参照2：匹配

图 28-61　highspeedshaft.asm 的放置参照

完成约束参照添加后，系统显示约束状态为"完全约束"，单击"完成"按钮 ✓，完成 highspeedshaft.prt 的装配，得到图 28-62 所示的组件。

(5) 置入 upperbox.asm。

选择"插入"菜单→"元件"选项→"装配"选项，系统弹出"打开"对话框，选取

项目 28　减速箱装配设计

图 28-62　完成 highspeedshaft.asm 装配后得到的组件

"upperbox.prt"文件后,单击"打开"按钮,导入 upperbox.prt 中的数据。

在缺省状态下,系统使用的约束方式为"自动",逐次添加图 28-63 所示的约束参照。系统自动识别约束种类依次为"插入"和"匹配"。

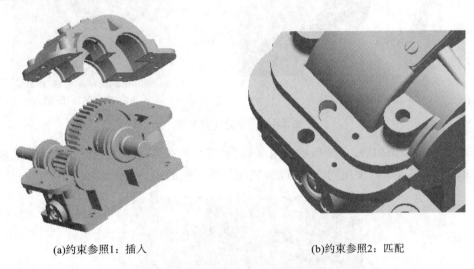

(a)约束参照1：插入　　　　　　　　　　　(b)约束参照2：匹配

图 28-63　upperbox.asm 的放置参照

完成约束参照添加后,系统显示约束状态为"完全约束",单击"完成"选项,完成 upperbox.prt 的装配,得到图 28-64 所示的组件。

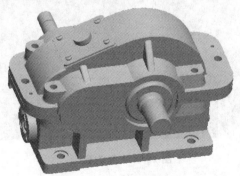

图 28-64　完成 upperbox.asm 装配后得到的组件

28.6 置入销

操作步骤如下。

选择"插入"菜单→"元件"选项→"装配"选项,系统弹出"打开"对话框,选取"pin.prt"文件后,单击"打开"按钮,导入 pin.prt 中的数据。

在缺省状态下,系统使用的约束方式为"自动",逐次添加图 28-65 所示的约束参照。系统自动识别约束种类依次为"插入"和"匹配"。

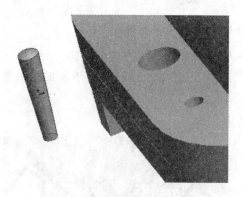

(a)约束参照1:插入　　　　　　　　(b)约束参照2:匹配

图 28-65　销的放置参照

完成约束参照添加后,系统显示约束状态为"完全约束",单击"完成"按钮,完成销的装配,如图 28-66 所示。使用同样的方法,装配另外一侧的销。

图 28-66　销的装配

28.7 置入螺栓

操作步骤如下。

选择"插入"菜单→"元件"选项→"装配"选项,系统弹出"打开"对话框,选取"screw.prt"文件后,单击"打开"按钮,导入 screw.prt 中的数据。

在缺省状态下,系统使用的约束方式为"自动",逐次添加图 28-67 所示的约束参照。系统自动识别约束种类依次为"插入"和"匹配"。

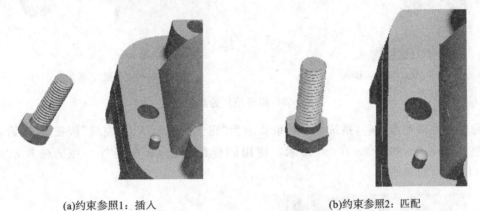

(a)约束参照1:插入　　　　　　　　(b)约束参照2:匹配

图 28-67　螺栓的放置参照

完成约束参照添加后,系统显示约束状态为"完全约束",单击"完成"按钮✔,完成销的装配。使用同样的方法,装配另外一侧的螺栓,得到图 28-68 所示的组件。

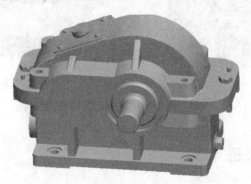

图 28-68　完成螺栓装配后得到的组件

28.8 置入螺母垫片

操作步骤如下。

选择"插入"菜单→"元件"选项→"装配"选项,系统弹出"打开"对话框,选取"cushion_screw.prt"文件后,单击"打开"按钮,导入 cushion_screw.prt 中的数据。

...统使用的约束方式为"自动",逐次添加图28-69所示的约束参照。系...类依次为"插入"和"匹配"。

 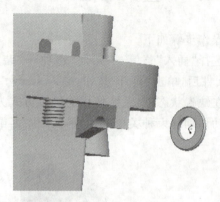

(a)约束参照1：插入　　　　　　　　(b)约束参照2：匹配

图 28-69　螺母垫片的放置参照

完成约束参照添加后,系统显示约束状态为"完全约束",单击"完成"按钮✓按钮,完成螺母垫片的装配,如图 28-70(a)所示。使用同样的方法,装配另外一侧的垫片,得到图 28-70(b)所示的组件。

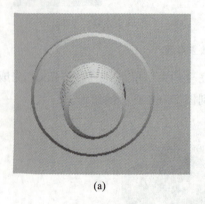 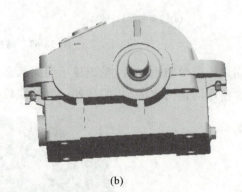

(a)　　　　　　　　　　　　　　　(b)

图 28-70　螺母垫片的装配及得到的组件

28.9　置入螺母

操作步骤如下。

选择"插入"菜单→"元件"选项→"装配"选项,系统弹出"打开"对话框,选取"nut.prt"文件后,单击"打开"按钮,导入 nut.prt 中的数据。

在缺省状态下,系统使用的约束方式为"自动",逐次添加图 28-71 所示的约束参照。系统自动识别约束种类依次为"插入"和"匹配"。

完成约束参照添加后,系统显示约束状态为"完全约束",单击"完成"按钮✓,完成螺母的装配,如图 28-72(a)所示。使用同样的方法,装配另外一侧的螺母,得到图 28-72(b)所示的组件。

(a)约束参照1：插入　　　　　　　　　　　(b)约束参照2：匹配

图 28-71　螺母的放置参照

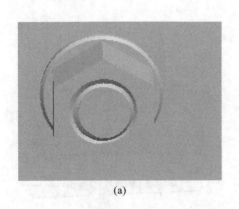
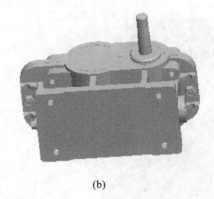

(a)　　　　　　　　　　　　　　　　(b)

图 28-72　螺母的装配及得到的组件

28.10　置入长螺栓

操作步骤如下。

选择"插入"菜单→"元件"选项→"装配"选项，系统弹出"打开"对话框，选取"long_screw.prt"文件后，单击"打开"按钮，导入 long_screw.prt 中的数据。

在缺省状态下，系统使用的约束方式为"自动"，逐次添加图 28-73 所示的约束参照。系统自动识别约束种类依次为"插入"和"匹配"。

完成约束参照添加后，系统显示约束状态为"完全约束"，单击"完成"按钮✓，完成长螺栓的装配，如图 28-74(a)所示。使用同样的方法，装配另外三侧的长螺栓，得到图 28-74(b)所示的组件。

使用与前面相同的方法装配 4 个垫片和 4 个螺母，结果如图 28-75 所示。

保存"total.asm"文件。减速箱总装图如图 28-76 所示。

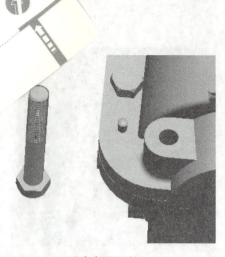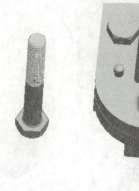

(a)约束参照1：插入　　　　　　　　　　　　(b)约束参照2：匹配

图 28-73　长螺栓的放置参照

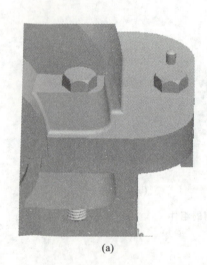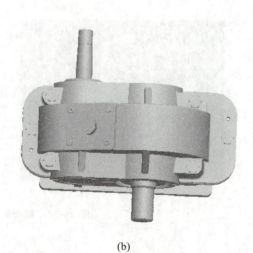

(a)　　　　　　　　　　　　　　　　　　(b)

图 28-74　长螺栓的装配

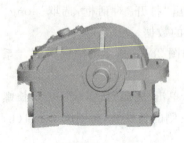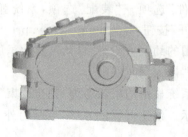

图 28-75　垫片和螺母装配结果

图 28-76　减速箱总装图

参考文献

[1] 孙海波,陈功. Pro/ENGINEER WildFire 4.0 三维造型及应用[M]. 南京:东南大学出版社,2008.

[2] 孙小捞,邱玉江. Pro/ENGINEER Wildfire 4.0 中文版教程[M]. 2版. 北京:人民邮电出版社,2010.

[3] 钟日铭,等. Pro/ENGINEER Wildfire 5.0 从入门到精通[M]. 2版. 北京:机械工业出版社,2010.

[4] 丁淑辉. Pro/Engineer Wildfire 5.0 基础设计与实践[M]. 北京:清华大学出版社,2010.

[5] 张忠林. Pro/Engineer 野火版 5.0 实用教程[M]. 北京:电子工业出版社,2013.

[6] 唐增宝,常建娥. 机械设计课程设计[M]. 4版. 武汉:华中科技大学出版社,2012.

[7] 柴鹏飞,王晨光. 机械设计课程设计指导书[M]. 2版. 北京:机械工业出版社,2011.

[8] 赵大兴,高成慧,谢跃进. 现代工程图学教程[M]. 6版. 武汉:湖北科学技术出版社,2009.

[9] 何铭新,钱可强. 机械制图[M]. 5版. 北京:高等教育出版社,2004.